在难熬的岁月里，做内心强大的自己

李莎◎著

中国纺织出版社有限公司

内 容 提 要

无论是为了生存还是为了竞争，都需要人的内心坚定有力。面对种种物质的诱惑、权位的争夺，人心时常是惊恐难安的，极容易让人沉溺于心灵的苦海而难以脱身。此时应当停下来，好好找找内心的力量。

本书以哲学理念为出发点，结合贴近现实生活的实例，用精练、睿智的笔触对强大内心的多种方式加以解读和诠释，指引读者更好地发掘内心的力量，从而在强大而坚韧的内心带领下，穿越成败沉浮，从容应对复杂多变的世界。

图书在版编目（CIP）数据

在难熬的岁月里，做内心强大的自己 / 李莎著. -- 北京：中国纺织出版社有限公司，2020.4

ISBN 978-7-5180-6909-5

Ⅰ. ①在… Ⅱ. ①李… Ⅲ. ①成功心理—通俗读物 Ⅳ. ①B848.4-49

中国版本图书馆CIP数据核字（2019）第236786号

责任编辑：李 杨　　责任印制：储志伟

中国纺织出版社有限公司出版发行

地址：北京市朝阳区百子湾东里 A407 号楼　邮政编码：100124

销售电话：010—67004422　传真：010—87155801

http://www.c-textilep.com

中国纺织出版社天猫旗舰店

官方微博http://weibo.com/2119887771

三河市宏盛印务有限公司印刷　各地新华书店经销

2020年4月第1版第1次印刷

开本：880×1230　1/32　印张：6

字数：97千字　定价：39.80元

前言

现实生活容易给人心累的感觉。面对种种物质的诱惑、权位的争夺，人的内心时常是惊恐难安的。当欲望无法满足、愿望无法实现时，人就容易变得失意甚至失志，以致深陷于物质的陷阱而无力自拔，沉溺于心灵的苦海而难以脱身。

在追求成长与发展的过程中，人容易变得胆怯、茫然，最后只剩下一片空虚。面对周遭的各种强权与压迫，脆弱的心会迷茫失落、不知所措，想反抗又没有力量，于是容易不自觉地屈服于他人的力量。此时真的应当停下来，好好找找内心的力量。世事多艰，能够使人败而不倒、迷而不陷的，是内心的力量。真正的力量从不是来自他人，而是源于自己的内心。

人之幸福或是不幸，杰出或是平庸，取决于内心力量的有无。没有力量者，容易迷迷惑惑、庸庸碌碌地活着；而有力量者，心里流淌着进取的江河，随时可能掀起事业之波。人内心的力量惊人且巨大，如果懂得发掘，就可以拥有无穷的进取动力，它可以改变糟糕的处境，将人送达成功之峰。

内心的力量灵气十足，鲜活而昂扬，能支撑人蓬勃向上，能使人遭遇逆境而不慌乱，身处险情也能勇敢。人一旦找到内心的力量，即使一无所有，也可以使自己逐渐由小变大、由弱变强。

内心的力量隐藏得很深，是轻易觉察不到的，但只要用心就能将其发挥出来。若想发挥出内心的力量，首先需要对自己有清楚而全面的了解，能充分认识到自己的独特。每个人都应从心出发，真正认知自我。对自己要尽力接纳，从心底学会爱自己，如此人的行为才能更有力，内心也会更加有力量。

内心的力量源于自信，当自信完全充斥人的内心后，前方即使再黑暗也不会觉得慌张，外界再喧嚣也会有自己坚定的主张。浮躁的时代，我们需要有自己的原则、信仰。这样才能扫除人性的虚浮，激发内心的斗志。相信一切可相信的，遵守一切应遵守的，不改变、不动摇、不退缩，热切地散发出自己的光和热，内心的力量自然也就增强了。

真正的力量就是源于人的内心，每逢遭遇不顺，与其东依西赖地四处求助，不如自强自立地向自己的内心求索。可以这样说："心有力量则必胜，心若衰弱则必败。"人的内心如若懒洋洋，毫无力量，即便有什么愿望，也会形同肥皂泡一样，根本长存不了，更别说去实现了。如果内心没有力量，即使你才华横溢也无济于事，即使你实力超群也会徒劳无功……内心一旦发挥出力量，即使你比较瘦弱，外在条件有限，也照样可以"玩儿得转"，从而得以成长与蜕变，开辟出自己的发展空间。

无论是为了生存还是为了竞争，都需要人的内心坚定有力。人活着就要强大自己的内心。想让内心强大，需要明确地活在当下。这需要甩开过去的悔恨，舍弃未来的臆想，全身心投入眼前的这一刻。紧盯着眼前的目标执着追求，将心神全部凝聚于一点上，就容易激发内心的力量。

人生中没有什么困境真的可怕，用执着而坚韧的精神就可以战胜它。要勇于克服前行路上的失落与阻碍，不盲从、不苛求，凡事随缘，打破自我设限，就能将人生格局无限地拓宽。

其实每个人的内心都蕴含着惊人的力量，只要懂得寻找就可将其发挥出来。拥有了内心的力量，也就拥有了激情，就有了无可比拟的生机，时刻为你带来希望，时刻让你散发光芒。这种力量会带着你不断向前奔跑，也就容易达成自己的理想目标。

经过执着修炼的内心，强大而坚韧，能带人穿越成败沉浮，走向明媚开阔的远途，抵达世界的光明之处！

李莎

2019年8月7日

目录

第一章　内心丰盈，悦纳不完美的自己　◎ 001

如果你喜欢自己，他人会更喜欢你　◎ 002

保持自我本色，让人生更出色　◎ 003

长得漂亮，不如活得漂亮　◎ 006

摒弃“别人会怎么说”，生活由自己掌握　◎ 008

摆脱心灵的羁绊，走出自己的路线　◎ 010

美好明天，源于自我改变　◎ 011

学会自我鼓励，不断超越自己　◎ 013

第二章　心有节拍，不被外界带乱步伐　◎ 017

内心有信仰，人生更幸福　◎ 018

纵是世事多变幻，内心的力量永不改变　◎ 020

听凭他人的指引，不如相信自己的直觉　◎ 022

再受人夸赞，也要学会“看轻自己”　◎ 024

自律，成就更好的自己　◎ 025

遵守规则，才能更好地生活　◎ 027

发泄情绪是本能，控制情绪是本领　◎ 029

第三章 打开心房，让阳光驱散心中的阴霾 ◎ 033

换一种心态对待生活，会是另一种结果 ◎ 034
纵是生活多坎坷，也要让自己“乐活” ◎ 036
幸福不是源于抱怨，而是源于满足 ◎ 038
换个视角，缺憾亦为圆满 ◎ 040
凡事想得开，才能遇见未来 ◎ 042
心存正能量，生活就有无限的希望 ◎ 044
感恩能净化心灵，使人活得更轻松 ◎ 046

第四章 懂得容忍，强者之心能包容一切 ◎ 049

生气时，要善于进行心理调节 ◎ 050
失意来袭时，要懂得把心放宽 ◎ 051
即使世道狭窄，心胸亦要宽阔 ◎ 053
选择宽恕，拓宽自己的发展之路 ◎ 055
现实无法改更，排斥不如包容 ◎ 057
与其“你死我活”，不如双赢 ◎ 059
婚姻如水，包容是杯 ◎ 061

第五章 不追悔不妄想，安然地活在当下 ◎ 063

最智慧的活法——活在当下 ◎ 064
当下的念头即是未来，即是梦想 ◎ 066

把握现在，活在今天的方格中 ◎ 067
珍惜时光，尽享眼前的幸福 ◎ 070
年轻时不要怕，年长时不必悔 ◎ 072
摆脱昨天的阴影，今天才能活得轻松 ◎ 074
与其相信明天的命运，不如相信今天的因果 ◎ 076

第六章 得失面前有定力，才能活得有底气 ◎ 079

鱼和熊掌不能兼得，需要做出明智抉择 ◎ 080
放下心中的纠结，轻松做选择 ◎ 082
面对诱惑要警醒，好处可能是陷阱 ◎ 084
吃亏不是损失，而是一种心理投资 ◎ 086
名利可有可无，不必过度追逐 ◎ 089
给予，能拉近两颗心之间的距离 ◎ 091
舍得付出，才能得到心灵的富足 ◎ 092

第七章 波折磨难躲不开，耐心守候花自开 ◎ 095

成长急不得，经历过才会真懂得 ◎ 096
多点耐心，会与成功更接近 ◎ 097
忍耐不是低头认输，而是埋头铺路 ◎ 100
人生当自强，不靠颜值靠坚持 ◎ 102
遭遇困境，是为了获取更大的成功 ◎ 104

切断心理退路，才能更好地赢得出路 ◎ 106
学会反省，失败才能孕育出成功 ◎ 108

第八章 凝聚心神，越专一越有成效 ◎ 111

认清自己，是取得成就的前提 ◎ 112
找到优势能力，成为更强的自己 ◎ 114
像找爱人一样找工作，选择自己最爱的 ◎ 115
做好职业规划，胜过“骑驴找马” ◎ 117
要想独树一帜，务必专心于一事 ◎ 120
心思简单，是走向高处的动力源 ◎ 122

第九章 心中有丘壑，盘大你的人生格局 ◎ 125

霸气，成就事业的底气 ◎ 126
视野的宽窄决定发展的格局 ◎ 128
思维方式能决定人生价值 ◎ 131
眼光有多远，未来的路就有多宽 ◎ 133
不要太在乎薪酬，成长是最重要的 ◎ 135
做人可讲“佛系”，做事需有野心 ◎ 137
在小圈子里找幸福，到大环境中谋发展 ◎ 139

第十章　学会忽略与忘记，拓宽生存的领域　◎ 141

承受得起“白眼”，才能为自己赢得青睐　◎ 142
对于不快与怨仇，以微笑化解　◎ 143
以温言对怒语，换得“一团和气”　◎ 145
处世莫较真，得饶人处且饶人　◎ 147
给人留面子就是为自己增添人缘　◎ 149
不做无谓争端，退后一步天地宽　◎ 151

第十一章　挣脱心灵枷锁，赢得天高地阔　◎ 153

心有定力，别让“消极预言”害了你　◎ 154
独立辨别，别让他人的言行影响你的选择　◎ 156
完美主义是个漂亮的陷阱　◎ 157
恰当的选择标准会让你的选择更明智　◎ 159
该放弃时就放弃，才能迎来新转机　◎ 162
打破自我设限，拓宽生命空间　◎ 164

第十二章　心有多静，世界就有多净　◎ 167

放慢追逐的脚步，感受真的幸福　◎ 168
生活慢下来，内心才能美起来　◎ 170
心若静，眼前皆美景　◎ 171

拥有好心境需要内心淡定 ◎ 173

享受过程，看淡结果 ◎ 175

失意不失态，得意莫忘形 ◎ 177

参考文献 ◎ 180

第一章

内心丰盈，悦纳不完美的自己

每个人都应从心出发，真正认知自我。对自己要尽力接纳，从心底学会爱自己，如此人的行为才能更有力，才会不断地收获及成长，自我改变也是顺理成章。不断用心改变，走自己的路，终会走向柳暗花明处，走向风光无限的远途。

如果你喜欢自己，他人会更喜欢你

一个人对自己的喜欢程度，是前行途中披荆斩棘的利器，能为自己开辟一片新天地。

任何时候，自己都要看得起自己。即便有人不喜欢你，也不能因此就否定自己。别人可以不喜欢你，但你应该喜欢自己。生命不分贵贱高低，无论何时都不要看轻自己。坦然接受自己的长短优缺，才能使自己活得更快乐。

现实成就着人的成长，也粉碎着人的梦想。随着岁月的流逝，我们可能会逐渐发现，自己有诸多缺点，长相也较一般，觉得自己不勇猛，觉得自己挺低能，甚至会觉得自己非常弱小，此时就容易生气、焦虑，甚至自暴自弃。

不喜欢自己就很难得到快乐，也绝不会取得收获。所以无论如何，人都要试着喜欢自己。为了学会喜欢自己，我们必须勇于正视自己、接纳自己。

直面自己的缺点需要勇气，而接纳则需要胸怀。假如你长得不如别人漂亮，那就坦然接纳自己的不美；你才智不如他人，那就虚心地向人请教；即便你在诸多方面都不如人，对此也不必自卑闪躲，坦诚接受就好了。接受自己的不美、不聪明、不仔细等，就不会再生闷气，反倒能少一些烦躁，多一些心安。接纳自我之后，身心就容易和谐一致，就会活得非常真实。真实是一种循环不息的能量，会促使人不断向上生长。接纳自己的过程或许会有些漫长，但这是一种别样的成长。

人一旦成熟，就不会盲目自卑或迎合，无论在什么场合，都能够展示自己的独特。由于内外因素的作用，人有时会缺少必要的自尊，或是有些不自信，这都是导致其不敢展示真实自我的原因。总是想要活给别人看，这是不自信的表现。自信者会积极地为自己而活，让自己的人生更出色。谁也不可能让人人都喜欢自己，所以没必要进行角色扮演。

你是什么都没有关系，关键是不要自暴自弃，要好好爱惜自己。你可能平庸或非凡，也可能丑陋或美好，这往往取决于人的自我意识，取决于你爱憎自己的程度。唯有喜欢自己，才能从内心不断地获得源动力，从而使生命像花儿一样生长、开放，实现最美的梦想。

保持自我本色，让人生更出色

每个人都有两面：一个是人前的，另一个是人后的。我们常常为了做那个令人羡慕者，而忽略了真实的自我。

敢于毫不伪饰地在人前展现真实的自己，这需要底气。只有对真我有信心，并坚信自我价值的人，才敢于以真面目示人。人无论扮演什么社会角色，都不能失去自我本色。本色就是保持真实、不做作，遵从自己内心的意愿而活。本色如同泥土里面的黄金，是非常珍贵的。一旦丢失了本色，人生就会变得灰暗、无光泽。所以，无论你有着怎样的缺憾，都不应放弃自我，仍要保持本色。否则，就会活得很别扭、没有生命感，想要发挥出潜能会很难。

没有出色的外貌也没关系，拥有美好的内在就可以。内在的素养是无价之宝，它能帮助人将自我展现得更好。因此不必盲目扭曲自己，勇于呈现真我，更容易为人所认可。

世界影后索菲娅·罗兰，曾经只是个平凡的意大利姑娘，16岁那年，她独自离家到大城市闯荡，渴望成为一名电影明星。经过耐心的等待，她终于得到试镜的机会。可令人失望的是，她试拍完毕后，竟被摄影师一口否定，他们都嫌她长得难看、不上镜。之后她又去了许多地方去试镜，结果都是一样。她天生倔强，并未因此放弃心中的梦想。

有个导演独具慧眼，懂得欣赏她，但是建议她按照当时对演员的要求去整容，无非就是削削减减，将旧我改变。当时的罗兰虽然年纪不大，却颇有定力，她当场否定了这个建议。罗兰对自己的真我有信心，没有盲目听从他人的建议，她坚持勇敢做自己。她对自我的珍惜打动了这位导演，他开始对罗兰另眼相看，继而发现了她身上真正的美，接连让她出演几个电影角色。罗兰紧紧抓住每一个机会，充分展示自己独特的美。

后来，凭着自己的特色及出色的演技，罗兰一举成名，成为奥斯卡最佳女演员，赢得了自己的一片天。

多年后，蜚声世界影坛的索菲娅·罗兰，在自传中回忆自己的成长历程:“做演员一直是我的梦想，但我谁也不模仿，也从不理会什么时尚。我有自己的主张，我坚持做自己，由始至终从未放弃。”

人之最初往往都是有梦想的，可却总是容易受到外界的各种打击，自己不够完美就是其中之一。当我们逐渐发现自身的许多缺点，就会觉得非常难堪，甚至丧失了继续前行的勇气。其实这大可不必，自暴自弃不如坦诚接纳。接纳了自己，也就强大了内心，为自己增添了信心与勇气，也就较容易到达目的地。

无论何时何地，人都应有勇气做自己。既然世界上连两片树叶都不可能完全相同，人又何必苛求与他人相同呢？每当你产生想成为另一个人的念头时，要马上告诫自己：我绝对不能活得失去自我，否则就看不到自己人生中的好景色。

保持本色，会让人拥有无穷的活力，进而能开辟出自己的新天地。哪怕你此刻只是缩于一隅，但只要能勇敢地做自己，一样可以活在自己的世界里。只要你能勇敢做自己，就会不断地收获及成长。

长得漂亮，不如活得漂亮

在如今这个“看脸”的时代，长得漂亮的人是非常受人欢迎的，可谓是在恋爱、求职等各种竞争中都占尽优势。容貌，已然成为一种有效的竞争力。

还记得《中国好声音》吗，那是相当之火。记得当时听许多选手说，一听说这个节目是“盲选”，就迫不及待地来了。这些选手都很有才华，只是长得差了些，因此时常在一些“看脸”的选秀节目中被淘汰，直到遇到《中国好声音》，才有了一试身手的舞台。

如今要想成功，要么得是能力非凡，要么得是颜值超高。而能力不是能迅速提升的，于是很多长相不好的人就再也坐不住了，立马筹集资金去整容。

这是情有可原的，谁让这是个看脸的时代呢。但是看脸不是唯脸，千万别作践自己那张脸。长得好坏与生俱来，而能力、气质等却都是可以后天培养的。如果能力不行，长得再好看也只是“花瓶”，无法凭此取得长久的成功。相貌固然可能成为竞争的砝码，但人最终的胜出靠的还是能力。

与美貌相比，能力是可以永久依赖的资本。有些人虽然长相漂亮，但内涵浅薄，时间久了会被人看轻。而有些人虽然容貌差些，但多年来一直坚持提升自己的能力，因此一逮住机会就能脱颖而出。

在某电视节目的主持人竞选中，有位女大学生凭着非凡的能力杀人总决赛。

决赛之前，她听说自己被人认为不够漂亮，而她的竞争对手却非常漂亮。此种情形之下，她毫无惧色，心想：“无论如何，我一定要证明自己的实力。”

决赛现场，她热情满怀地表达了自己对主持人的看法：“我觉得主持人不一定要长得多么漂亮，关键是要有自己的思想，同时要有强烈的与人沟通的愿望。这些我都是具备的，因为我从小爱看书，也爱到各地旅游，吸收了许多新鲜感受，我非常乐于与人分享这一切……”

她的一番话流畅自然，颇有思想性，让人佩服得不行。她最终被正式录用了，从此进入成功快车道。

人即使长得不漂亮，只要有能力有思想，不必凭借时髦的包装，也一样能通过独特的表现让自己脱颖而出、赢得认可。人的内在才是最重要的。

因此，颜值不高也不要庸人自扰，你完全可以在保持特质的基础上，不断地进行自我完善及修炼，提前准备好，这样一旦逮住机会就能将其抓牢。

其实长得漂亮也不一定能占多大便宜。有不少招聘者说：“我们更注重能力、素质、才干，无论男女，无论长得多么漂亮，如果举止不端庄，我们肯定是不会要的。”

可见，人不必过于注重外貌，而要注意言谈、举止的修炼，积极提升内涵，为日后的成功打下良好的基础。这往往能决定人一生的前途。

摒弃“别人会怎么说”，生活由自己掌握

在生活中，一旦某种言行、事物为众人所接受，人就会本能地随大流，以证明自己正常而非异类。这种盲目从众，有时会让自己觉得很不舒服，甚至是难受。例如为赶潮流而买了一条新潮裤子，虽然穿着紧绷绷，被勒得不行，但还是在硬撑，因为大家都在穿。

其实穿戴什么都可以，关键是要适合自己，让身体觉得舒服。切莫为了迎合什么时尚，而给自己找罪受。

人生究竟好坏如何，关键在于自己的定夺，“如人饮水，冷暖自知”，是不能用他人的标准去评判的。世上有人风光无限，既有地位又有钱，这只不过是他一向热衷追求的结果。而你尽可追求内心的丰盈，热衷于自我修炼与提升，最终得到真正的安宁。

我们理应跟着心的方向走，掌控好自己的人生，而不应由他人随意改变。人如果过于注重别人的看法，就容易丢失自我，感觉不到真正的快乐。人不是为他人而活，即使再怎么遭受他人的白眼、指责，也不必因此同自己生气。最明智的应

对之策，是不将之放在心上，不因此而心伤，只是勇敢地做自己，喜欢的事情就去做，不必理会别人怎么说。

活出自己，是一种勇气，有时需要背负许多的压力。能清醒地认识此点者不会自弃，而会与世俗进行一次次的交锋，与物欲进行一次次的博弈。浮躁的时代，又有多少人的内心能够不受外物束缚呢?

朋友大崔原本非常喜欢自己的管理工作，虽然忙碌了些，但各方面还是颇满意的。突然有一天，他干不下去了，心里总是觉得非常烦，实在难以继续，于是经过考虑，他收拾好行李，动身到世界各国旅游去了。

在此次旅行结束后，大崔的内心非常充实，曾经的抑郁与不快一扫而光，对人生有了全新的认识及渴望。随后他伏案而写，把旅行见闻与更多的人分享，没想到大受欢迎，最终还出版了图书。此书的主旨为：人活着应当跟从自己的内心，做自己喜欢的事，而不是应付别人要你做的事。

人不必一味盲从，要有自己的思想与主见，否则就是可悲的人生。人往往很难找到自己的位置，也无法走出自己的路，还非常容易走入迷途。因此，人应时常扪心自问：我究竟想要怎样的生活？我的路在哪儿呢？如果发现自己眼下所处的位置不是心中所渴望的，那就停下来重新选择方向；如果哪条路让你觉得向往，那再怎么艰难也要启航；如果哪个位置能让你觉得满足，那就加快前行的脚步。可以忙碌也可以清闲，只要符合自己的心愿，不必总去看别人的脸色。

摒弃“别人会怎么说”，生活才可由自己掌握。世上的声音有千百种，只有自己的声音最动听。发出自己的声音，走自己的路，就可能走出最独特的舞步，于喧嚣人世间潇洒漫步。

摆脱心灵的羁绊，走出自己的路线

你究竟是什么不重要，重要的是你要将自己做到最好。无论如何，都要找到及保持自己的独特。人活着会扮演多重角色，无论怎样切换转变，自己的独特个性都应保持不变。现实即便多坎坷，人也仍应勇敢做自我，这样内心会充满一种力量，它会促使你不断地成长。

只需安然做自己，不必企求他人的赞许。要活在自己的心里，而不是他人的嘴里。要有自己的思想、主见，不要一味听从他人的言论，这样容易在一团和善中害了自己，实现人生价值也是不可能的。

要想拥有非凡财富，需要走出独特的道路。如果只是以他人的方向为方向，沿着他人的路线走，是不可能走出一条属于自己的路的。不要因为盲目追随他人而扼杀了自我，人生之路得自己去探索。

世上的路数不胜数，每个人都应找到适合自己的那条路。

如果只是盲目地跟在他人身后，沿着他人制定好的路线走，那么绝不可能走出一条自己的路。沿着别人的脚印走，不仅走不出什么新意，还极可能跌入陷阱里。所以，任何时候都不要盲从。

人之所以会一窝蜂地共同挤在一条跑道上，只是因为生怕自己一旦离开跑道就会被认为是傻或疯，于是都不敢另辟蹊径，都是一直沿着一条老路奔跑不停，直到将独特的自我彻底葬送。

人要认清自己的长短优缺，然后将自己的优势不断巩固与加强，扬长避短，才能走出一条自己的独特路线。

自己的人生自己主宰，走自己的路是理所当然的。即使遭到他人的批评、否定，也不应就此认为自己不行。自己究竟行或不行，完全可以用事实来证明。知识、能力或素质，都是可以逐渐提高的。坚定地走在自己的路上，不必理会外界的议论，也不必追随他人的脚步，只需全心全意走好自己的路。

不沿着别人的脚印走，才可能走出自己的新意与独特。不断地摆脱心灵的羁绊，走出自己的路线，终会走向柳暗花明处，走向风光无限的远途！

美好明天，源于自我改变

时光飞逝，你是否还一如从前，是否已经有许多改变？经过生活的磨砺，你是否懂事许多？你觉得自己需要改变吗？

人一旦过惯了机械平淡的生活，心里可能就会觉得，什么美好皆与自己无关，自己只配过这样的生活。或许太多人都曾有过这样的想法，认为自己只能如何。但是其实一切并非天注定，只要自己愿意去改变，就完全可能将命运翻盘。

时光在流转，世事在变迁，人得顺应形势的发展，其中的关键点之一，就是要认清自己、改变自己。为了自己未来的新生活，人应适时进行改变。只有不断地自我完善，勇敢地改正缺点，才能成为更好的自己。

改变并非遥不可及，只需从细微处开始就可以。有时也许仅仅只是换了件衣服，做了件与以往不同的事，就产生了完全不一样的结果，从而激起我们内心进一步改变的愿望。

人生中需要改变的方面有许多，如性格与行为方面的弱点等。为此需要抽出时间，逐一查找出来，如懒惰、自私、易冲动、没毅力、不爱与人交往等，之后再设法改变。

如果你发现自己对于时间管控不严，经常喜欢看电视剧、综艺，对此你如若真的下决心改变，那么就可以尝试培养出一种新习惯。在相应的时间，可以让自己去看书、思考、摄影等。而后记录下一天内所做的事情，寻找到其中的意义并长期坚持下去，就能使行为习惯向好的方面转变。

如果你以前不爱看书，不妨抽出时间强迫自己阅读。每天坚持看上多少页，心有所感就写上几句。这样时间一长，就会变得更有思想，这一切都是为了成就更好的自己。

如果想要改变模式化的生活，就要试着打破思维定式，要让自己去与不同的人交往，尝试不同的食物，接触一些新事物，这会把人带入全新的世界。

当你难以适应某种环境时，就得试着改变自我。当你想把事情做得更出色，就得改变自己的思维，思维一变方法来，事情才有成功的可能。

每一次改变，都是一种自我更新；每一次改变，都需要十分的勇气。要鼓励自己长时间地坚持下去。每当取得什么新的改变之后，就适时鼓励自己一下，这样就会从心底更乐意改变下去。

自我改变，正是改变事情、改变状态的根源。人生的良好进展，其实就是源于一系列的改变。用心不断改变，终能遇见美好的明天！

学会自我鼓励，不断超越自己

人难免会有消极、失落的时刻，此时便需要他人的鼓励。他人的适时鼓励，能激发出人内心奋起的勇气。但现实情况是，他人的鼓励是稀缺而不是常有的，因为谁都不可能时时跟在你身边鼓励你。令人气愤的是有时非但得不到鼓励，反倒会遭到他人的讥讽。因此，当你处境不堪时，一定要学会自我鼓励，自己为自己打气。

对于他人的鼓励，即使再需要也绝对不能依赖，否则，就会成为自己的心理阻碍。得不到别人的鼓励不必忧虑，因为你随时可以鼓励自己。面对各种困境，一味抱怨无用，自弃更是不必。明智的做法是甩开沮丧，适时为自己鼓掌。给自己鼓掌，不是骄傲自大，也不是孤芳自赏，而是不卑不亢、发自内心地对自己欣赏。当你取得某种成绩，或是陷入人生谷底，都千万别忘了自我鼓励。

曾经，文雅接连遭遇人生的惨痛，先是离异，而后被公司解聘。她一时间心情低落，总阴着一张脸，甚至丧失了活下去的勇气。

就在文雅快撑不住的时候，有几个朋友前来鼓励她说："小雅，你没理由不振作，你不知道吧，其实你的优点特别多，我们帮你列举出来。"

文雅惊恐地摇着头说："别逗我了，我能有什么优点啊？我如今都这样了。"

几个朋友见此情形，商量了一下，制作了许多小纸条，在上面逐一写下文雅的优点，几个人整整写了二十多条，然后把它们全都装入一个空瓶子。之后叮嘱她说："从明天起，你每天只可以从瓶中拿出一张纸条来，相信你会振作起来的，加油。"

第二天，文雅漫不经心地从中拿出一张："有爱心。"下面还注有一行小字："文雅，我们都很爱你！"她只觉得心头一热，眼睛顿时湿润了。

之后的日子里，文雅又相继从瓶中拿出了“乐观”“聪明”“能干”等小纸条，她的心情一天天好起来……

终于有一天，文雅开始微笑着与人打招呼，充满信心地计划着下一步……每次遭遇困境，她就自我鼓励说：“我的优点特别多，这点困难我能克服的！”她努力地发出自己的光与热，以回报朋友们的深情厚谊。

如今的文雅，已经有自己的事业，人也更加成熟有魅力了。

困境之中如若不懂得自我激励，心情就难免抑郁，人就容易自暴自弃。自我鼓励的意义在于，它能增强人的自信，让人不由自主地前进。自我鼓励之前，要先弄清自己身上的优点，然后通过自励来增强信心，清除前行路上的阴霾。

为自己鼓掌，是最好的精神复活，它可以让人战胜一切挫折，不断超越自我。学会为自己鼓掌，你的人生会更加美好！

第二章

心有节拍，不被外界带乱步伐

在这个浮躁的社会，我们需要有自己的原则、信仰。这样才能扫除人性的虚浮，激发内心的斗志。相信一切可相信的，遵守一切应遵守的，不改变、不动摇、不退缩，用内心的力量拓宽前行的路，幸福之门自然也就向你开启。

内心有信仰，人生更幸福

现在，你觉得幸福吗?人们对于幸福的渴望与追问，从来没有停息过。至于什么是幸福，答案是多种多样的。而我认为幸福是源自人的内心。幸福或许与物质财富的多寡无关，却和内心的安定大有关系。

的确，钱多和幸福并不能画等号，钱多却痛苦的大有人在。眼见太多成功者在名利双收之后却迅速地迷失了，甚至得了严重的抑郁症，最后往往是找到内心的信仰，才跳出痛苦旋涡，得到身心的安宁，领悟幸福的真谛。

唯有相信，才能让人逐渐向幸福靠近。可以这样说，有信仰的人不一定都幸福，但是没有信仰的人一定得不到幸福。

不知从何时开始，我们开始怀疑一切，开始茫然无措，快速地迷失了方向。此时，尤其需要一个信仰，来直面人性的黑暗，抵挡尘世的沧桑。

信仰，是每个人所必需的，却并非人人拥有。有人说，这是一个缺少信仰的年代。在金钱的诱惑下，“毒奶粉”“地沟油”等出现了；作家胡乱编造；明星陷入“潜规则”……物欲横流，人情冷漠，种种信仰正在流失着……

没有信仰就没有底线，就容易为所欲为，这的确是挺可怕的。人，如果缺失信仰，就会茫茫然没有方向，如同一叶孤舟漂荡在大海上，心中满是恐慌。而有了信仰，就有了前行的方向与力量。信仰，是漆漆黑夜里的北斗星，能为人指引方向；信仰，是严寒冬日里的熊熊火，能给予人光与热。信仰，是明智者执着不懈的追求，是勇敢者舍生忘死的壮烈……信仰，是根植于人内心的永远不变的信念，就像苏武誓死不叛国，无视强权，摈弃富贵一样。

人生之路诱惑颇多、坎坷无数，唯信仰才可清除物欲、激发内心的斗志。信仰可以调动潜能，促使人最终产生无限的力量，从而把梦想变为现实。所以，执着于自己的信仰非常重要。

在执着信仰的路上，首先要找到自己真正的信仰，而后才能激情地投入。信仰的根源是兴趣、是热爱。面对自己衷心热爱的东西，再多的艰难险阻又怎能阻挡？如果你喜欢舞蹈，那就信仰它，时常操练，让翩翩舞姿像花儿一样绽放在你的肢体上；如果你渴望成为一名歌者，那就把动人的乐曲视为信念，日里夜间浅吟低唱，让每一个音符都注入情感、触人心弦。

信仰是一种源自内心的热爱与坚守。它力量无限，能促使人执着而无畏地前行，从不松动。生活中的困难从不曾断绝，但只要我们心怀信念、不懈追求，那么明天就有无尽的希望。眼前纵有千种苦难，自可心怀远方、初心不忘。

岁月匆匆过，我们的初心是否已泯灭？找回那些初心吧，让其重新生长如新春嫩芽，虽然孱弱，但却坚挺，纵是风吹雨打，也要烂漫成花。

相信一切可相信的，坚守一切可坚守的。不动摇、不沉默、不退缩，绝不因微弱而放弃照亮夜空的努力，热切地在蒙尘的世间散发出自己的光和热，幸福之门自然也就向你开启。一切皆幸福，只因有信仰。

纵是世事多变幻，内心的力量永不改变

任何时候，都应听从自己的内心，他人的指引只会让你一时不迷途，而内心为你提供的力量则是源源不断的。

随着岁月的流逝，人容易变得胆怯、茫然，最后只剩下一片空虚。面对比较糟糕的现实，即使你一无所有也无妨，依靠自己内心的力量一样可以由弱变强。真正的力量从不是来自他人，而是源于自己的内心，它隐藏得很深，是轻易觉察不到的，唯有用心才能将其发挥出来。

若想发挥出内心的力量，需要对自己有清楚而全面的了解，能充分认识到自己的独特。相信自己的内心，才能渐渐滋生出力量，让黑暗中的自己不觉得慌张，让前行中的自己有坚定的主张。可还记得，曾经的你拿着一根木棍又打又劈，立刻吓退了一只试图向你进攻的狗。那么在多少年后，又何必畏畏

缩缩，没有勇气往前走？

多少年了，别人说话你不敢说，别人踢球你闪躲，一遇到点什么困难，就立马退缩，机遇明明就在眼前，可却不敢伸手去抓。这都是缺乏勇气所造成的，长此以往，失败是必然的。

勇气历来并非天生就有，而是源于后天的磨炼追求。面对各种危情险境，只要敢于执着地前行，就能逐渐祛除内心的惊恐，得到理想的结果。

要想实现看似“不可能”的目标，需要让心先飞过去，这样源自内心的力量就会带着你不断向前奔跑，也就容易达成理想目标。人须具有必胜的信念，切莫轻易放弃，力量与坚持成正比，坚持得越长久，获得的力量越强大。

人的内心一旦有了信心、勇气、坚持等，就会日益强大起来，从而扫清阴霾、搏击未来。能够使人败而不倒、迷而不陷的，是内心的力量。

毫无疑问，真正的力量就是源于人的内心，每逢遭遇不顺，与其东依西赖地四处求助，不如自强自立地向自己的内心求索。

可以这样说：“心有力量则必胜，心若衰弱则必败。”人的内心如果懒洋洋，毫无力量，那么不论能得到多少外力相助，最后的结果也只能是输。

人活着就要强大自己的内心，这样才能持续地提供力量。要想得到这种力量，就要打开心房，让正能量的光照进来！

听凭他人的指引，不如相信自己的直觉

“他们都是这么说的。”人经常会不由自主地听信他人的言论，以多数人的行为为准则。其实，你自己的人生究竟应当怎样过，不应由别人来决定，他人的话即使是对的，但对你却不一定适用。因此，我们不应盲从，要运用自己的理性进行判断，然后坚持自己的观点。

当我们在人生的十字路口徘徊不前时，一定要有自己的主见，知道自己喜欢什么、需要什么。假如你想做出某个决定，那就大胆去做，不必理会别人的看法甚至指责。人生决定权一直是掌握在自己手中的。

我们许多人都有过类似经历：当你面对诸如工作、房子、追求者这样的人生选择时，内心容易犹豫不决，即使经过一番纠结，仍旧不知道应当选择哪一个。选择往往需要思考与判断，但有时凭的只是内心的直觉。

当你面对多种选择，实在不知所措、难以取舍时，不妨利用一下直觉。有时凭借直觉做选择，反倒比理智抉择更有把握。在某些事情上跟着感觉走，凭心去选择，反倒容易得到好结果。

做出选择之前，经过一番比较、权衡在所难免。大脑在经过长时间思考后，容易过度疲劳，最终考虑问题会不周到，难免会具有片面性，这种情况下做出的选择就难以保证其正确性。

因此，在做出某个决定之前，切不可急赶。在经过一番分

析、考虑后，应先放松一下身心，然后根据自己的直觉，果断选择，不要犹豫不决。

事实证明，有些靠直觉做出的决定，反倒更加明智。因为当人对某事物的相关情况所知不多时，无法完全依靠理性分析，此时需要运用直觉。直觉是头脑中的一种灵感。人的脑海中突然灵光一闪，冒出新思想、新观点，从复杂的现象中领悟到事物的本质。这种无意识的思维现象，就是所谓的灵感。

那么直觉究竟适合于哪种情形下做的决定？当有成功案例可以参考、信息全面、论据充足时可以适用；当情况复杂、信息欠缺、没有什么案例可参考时，不适合运用直觉。

另外，在充足的时段里面，尽量不慌不忙地分析、考虑，进行理性决策，使决定更有把握；当时间短缺、情况复杂、局势危急时，就可以利用直觉快速决策，也许就能柳暗花明、挽回败局。

直觉力是可以后天锤炼的，我们平时应有意识地做一些直觉训练。可以从点菜、购物等小事锻炼自己凭直觉做决定的能力。也可以用直觉去预测事情，如当一个电话打来时，不看来电显示，不妨猜猜是谁打来的。这些练习都可以锻炼人的直觉力。

瞬间的决定，需要暗地里长时间地用功。修炼出直觉力后，就可以利用它快速做决定，而后从容去欣赏下一站的风景。

再受人夸赞，也要学会“看轻自己”

对自己能否有清醒的认识，从某种程度上说，可以决定人的成败优劣。对自己的认识越明确、清晰，内心越有定力。这种定力越强，越容易形成自己的坚定主张。

因此我们应清楚地了解自己，弄清自己的长短优缺。即使再怎么受人夸赞，也切不可飘飘然，这是一种轻狂的表现。其实是人就有自己的肤浅，总觉得自己什么都不错，学历很好、能力出众、有家庭背景。这些都容易让人引以为傲，从而眼往上看，也就忽略了眼前的发展空间。这样的止步不前，其实都是自傲的结果。

自傲的危害在于，自己明明对事物只是一知半解，却仿佛已经了解全世界，因此就会故步自封，学不进去新东西。这就如同世界光明无限，你却瞎着眼看不见。人可以适度自尊，但不可过度自负，更不可唯我独尊，认为人人都不如自己。这样容易四处树敌，招来攻击，也容易阻碍自己的发展机遇。因此，任何时候都不可自傲，要保持清醒的头脑，避开世间喧嚣。

人的确不能太看重自己，与其等到四处碰壁再反省，不如提前把自己看轻。

你自以为不错的那个自己，其实只是世间的区区，也许从他人眼里看到的只是轻蔑；你视若珍宝的自己，也许在别人眼里不是光芒四射而只是暗如灰尘。你觉得自己尽可“振臂一呼”，结果也许会惨到让你想哭。其实，谁都不是无可替代，世界少了谁也会照常运转。想清楚了这些，心中也就会多一份平和，就会熄灭狂躁之火。

能够认清自己，就不再觉得自己多么了不起；能够认清自己，也就清除了心理垃圾，从而可以身心轻松地安心做事情。把自己放得足够低，反倒更加接地气，把根长扎实，就可以成长得更加健康、茁壮。懂得看轻自己，也就能对自己的短处认得清晰，从而不再自以为是，而会不断取长补短。

谁也不可能天生就无所不知，只有虚心学习，才能掌握足够的知识、技能，更好地促进未来发展。因此，人需要看轻自己，把姿态放低，孜孜以求地学习；低下高傲的头，才能走好脚下的路，加快奔向未来的脚步。

自律，成就更好的自己

人活着就应当自律，即自己约束、控制自己。生活中如果没有自我约束，自由就会泛滥，人就容易胡作非为，损害自己，甚至危害他人。

人的言行举止，往往具有一定的散漫性，要想形成规范，需要运用自律的手段。人生如同行驶中的车辆，如果控制不好，就容易翻车出事。唯有掌握好运行节奏，才能使自己的命运由自己掌握。自律能有效地规范人的行为，使人在有限制的轨道上自由而健康地成长与发展。

事实已经证明，自律是能力得以增长及发挥的关键，自律能促使人不断向前，直到有所成就。因此，我们需要培养良好的自律能力。

要想培养自律的习惯，需要在日常生活中对自己严格要求，要有明确的作息时间，如几点起床、几点工作等，都应按计划进行，时常给自己提醒。

不妨抽点时间对自己进行反省，一旦发现不良习惯，要限定期限进行改正。在矫正时间内，要对自己进行严格的训练，直到“习惯成自然”，新的行为变得极其熟练。

如果预定的时间不够用，可以适当再延长，直到好习惯真正养成。消灭一个坏习惯之后，要有针对性地向另一个坏习惯全力“开火”，以同样的方式将其矫正。

应事先形成自己的是非观念，具有正确的价值观。这样遇到各种问题及事情时，才能运用原则技巧将其解决好，从而增强自我控制能力。

要自觉而严格地控制好自己的欲念，不能任其肆意泛滥，否则就可能给自己带来灾难。面对金钱、权位等各种诱惑，要离得尽可能远，不动私心邪念，这样才能拥有更加广阔的发展空间。

人如果不想在明面上犯过失，须私下暗暗地约束自己，这就是所谓的慎独。独自一个人时，也不要自我放纵，而应自我约束，不做问心有愧的事，不做坏事，要比在众人面前更知耻。如果缺乏自律意识，在私下场合约束不住自己，从而翻车越轨，也就等于亲手葬送了自己，即使后悔也莫及了。因此平时就应自律，及时清理思想观念中的垃圾，以免其日后危害自己。

自律意识一旦形成，要将其深植于内心，成为一种永久的习惯。自律是自我修养的基础，也是赢得成功的保证。理性控制自己的行为，才能使自己更好地投入社会，从而有所收获及作为。培养自律的好习惯，心底一片光明，未来的路自然会宽。

遵守规则，才能更好地生活

说到遵守规则，有人会直观地觉得守规则的人没有个性，有些墨守成规。其实人活着就应当讲规则，正所谓“没有规矩不成方圆”。

规则能有效地指引行为，凡事建立起规则，就会完成得更有成效。遵守规则，才能自在地生活。所谓的“从心所欲不逾矩”，还是有一定道理。

河水之所以能欢快地沿着一定的方向流淌，是因为受限于河床。没有河床的约束，河水就会四处流淌，禁锢自己的同时也会危害他人。遵守规则的重要性由此可见一斑。可以说，规则是对自由的最好保护。如若随心所欲、无规无则地行事，就容易酿成自我毁灭的惨剧。

遵守规则不是老实、怯懦，而是让自己的行为更符合准则。否则，就会遭受处罚，甚至危害生命。像接连几起的“动物袭人”事件，究其原因就是人不遵守规则所导致的。当事者对动物园内的危险提示视而不见，结果因自己的鲁莽行为而遇难。没有规则意识，就可能付出生命的代价，对此我们不可不警醒。要想更健康、安全地生活，就要记得遵守规则。对于各种规则，如果有心或无意地违反，必然会受到相应的惩处。

例如，某男惨遭动物园老虎的袭击丧命，只因为逃掉一张门票；某女竟敢用脚卡住高铁车门，只为让迟到的丈夫赶上来；某学生高考作弊，被罚三年不得应考……现实生活中，像这样挑战规则的个案一直不断。

为什么有那么多人屡屡犯规？无非是因为贪图一点儿好处。例如，去医院看病插个队算什么？早看早利索，腾出时间还可以干别的，又有什么不可？于是规则就被无视了。

置规则于不顾，是一种糊涂行为，也是不自律的表现。要想获得真正的自由，全力约束自己是必须的。自觉地约束自己的言行，是利人利己的。如若任自由泛滥成灾，就会危害他人及社会，因此受到规则的惩处也是必然的。

规则如同高压线，无论是有心还是无意碰触皆会有危险。要想让自己生活得更安全，切不可对规则不以为然。人活着就需要守规则。父母再有能耐，也不能保你一生安全，自觉遵守规则，就是你的保护伞。

规则意识也是可以训练的，时间长了自然就变成习惯。一旦自觉地遵守规则，就能生活得坦然而快乐。

发泄情绪是本能，控制情绪是本领

还记得“重庆公交坠江事件”吗？至今想来还让人觉得心惊。事件的经过是这样的：一位乘客没能及时在站点下车，后来要求司机停一下，司机没同意，于是她与司机争吵起来，她一时情绪失控，就用手拉拽正在开车的司机，司机松开方向盘与她厮打，结果导致车辆失控，十几个人坠入江中……

事后对这起事件进行分析，会发现“冲动的情绪”是其祸因。情绪人人有，但不可随便发，如果控制不住，就如同引爆一枚炸弹，会危害自身及他人的安全。

所以，人必须学会理性地控制自己的情绪，不可随意发泄，更不可胡乱发泄。如果控制不了情绪，是无法进行正常人际交往的，更别说做成什么事情了。任何成就的取得，皆需要超强的自控能力。就拿比尔·盖茨来说，他有着异常严格的自律意识，对于什么时候应当做什么都有着明确的规定，更不会随意发泄情绪。这种自律精神，使他将自己的事业经营得风生水起。可见，控制情绪的确是发挥能力、成就事业的必需条件及保证。如果管控不好愤怒等不良情绪，它们就可能喷射出来伤人害己，使人陷于痛苦旋涡里。

人平时管控情绪或许还较容易，但是当面对他人的侮辱或攻击时，真是令人难忍难遏，禁不住就会动怒发火，与人争吵、对骂，甚至打架，造成两败俱伤的结果。事后冷静想想真是不值得，只是再怎么痛悔也晚了。因此，无论何时都切莫被怒火等不良情绪所控制，而应设法将之压制下去。

控制情绪是高情商的表现，也是赢得高效人生的前提。控制好情绪，需要适度的冷静力。时刻提醒自己行为不可过激，要懂得适时冷却自己。让头脑冷静下来，想想前因后果，就会明白自己应当怎么做。让自己冷静，是理性的表现，不但有利于自己的身心健康，更有利于与他人的融洽交往。

要想控制激烈情绪，“转移法”是可以运用的方法之一。立即离开眼前让情绪恶化的事物，不看也不想，转身去做其他感兴趣的事，如看看书、听听歌等，都有助于优化情绪。

书写表达也是控制情绪的好方法。不良情绪一旦被宣泄在纸上，心里的火气也就消失了。如果能将事端的前因后果说清楚，再做个分析总结，不但能舒缓情绪，还能加强心理建设。

要想有效控制情绪，适度忍耐是必须的。对于他人的各种攻击，可以置之不理。假如衣服不慎被溅上些许泥巴，又能怎样？如果当即气愤地揉搓，结果污染面会更大。可如果你能等到回家后把它脱掉挂起来，等那团泥巴干透了，轻搓几下，再适当一擦，污迹也就消失了。

因此，忍耐是发火之前的基本功，先忍耐一下，内心自会冷却下来，此时就会发现那些事根本就不值得动怒发火。所以说，不轻易发怒者都是聪明而理性的。

理性控制好自己的情绪，可以化解前行阻力、融洽人际关系，这对身心健康和事业发展都极有益。对此需要用心记取。

第三章

打开心房，让阳光驱散心中的阴霾

人生中失意和挫折在所难免，要想活得轻松一点儿，就要把心房打开，让其朝向阳光的一面。要珍惜拥有，淡忘挫折，前行不辍。即使困顿丛生，也不怨天尤人，而是从中挖掘值得感激的。当你以阳光的心态面对世界时，世界也是光明无限的。

换一种心态对待生活，会是另一种结果

人活着就难免会碰上各种不如意的事情，此时再怎么抱怨指责皆无济于事，只能使自己更难过。如果能适时换一种心态，就会发现事情往往并没有那么糟，反倒有因祸得福的好。

秀芝有一次从高处跌下来，腰部卡在了硬物上，形成一大块淤伤，疼得她久久难忘。

后来秀芝对人说起这件事，仍是一副痛不欲生的模样。对方劝解说：“你应该感到庆幸才对。因为你没有摔到头部，也没有真的损伤腰椎，否则，后果岂不是要比现在严重得多？”听了这番话，秀芝心中的愁闷突然不见了。可见，幸与不幸往往只是一种心态，遇事调整好心态就没有迈不过去的坎儿。

人生偶有失意、挫折，此时不必过于消沉，抱怨他人亦是于事无补，自我折磨更是不可取的蠢行，明智的做法是坦然接受，能补救的就补救，无法补救的就承受，切莫对之极力抗拒，憋在心里生闷气，凡事乐观些想，结果就会大不一样。

曾经，大海与人合伙贩卖货物，却不幸被人骗了，那人卷跑了他所有的钱，他因此悲痛欲绝，内心陷入了灰暗的旋涡。直到有一天，他走在大街上，有个人笑着和他打招呼，经过介绍，他才想起来他曾经和此人一起打过工，就顺便问了一下对

方的近况。那人对他说："我遭遇了一场车祸，现在全家就剩下我自己了，我也曾经想过死，但后来我想透彻了，你悲伤、难过、天天痛不欲生是过；你平静、快乐，也是一天天地过，你为什么不选择后者？"大海听了这番话，顿时醒悟过来了。

一样的问题以不同的心态面对，感受会大不一样。同样的玫瑰花以不同的心态去看，如果看到的是尖利的刺，内心就难免郁闷窝火；如果看到的是美丽的花，心情就会轻松愉悦。所以，积极的心态很重要，面对种种人生惨状，如果无法改变现实，就调整好心态去面对它。也许换个心态，就会扭转局面，迎来一片新的天。

因工作干不好而挨批，能力不如自己者反倒能晋级，无论做什么都赚不到钱，等等。对于这一切，如果能够换个心态，就能冷静下来寻找原因，不至于逼仄自己。否则，越想越气，就可能会伤人害己。

换种心态考虑问题，能改变事情的结局。即使失业又如何，下一次就业说不定会更好；与其抱怨工资低，不如用心改进工作；当你四处碰壁，岂不正是改进自我的大好时机？

人生长途中，曲折和坎坷无法避免。当现实无法改变，就试着变变心态吧，心态变了，为人处世的方式也会变，好方式自然会带来好结果。当你以阳光心态面对世界时，世界会自动为你让路的。

纵是生活多坎坷，也要让自己“乐活”

生活中的种种境况，或许无法阻挡，但改变自己的情绪，却是可以做到的。处境不堪用不着唉声叹气，及时换个想法就能让自己活得潇洒。

诸如做事不成功、总是受到不公正待遇、时常遭人挤兑等，几乎是人人都可能会经历的，对此要想办法化解，妥善应对。切不可将之憋在心里，越想越气，气坏了身体，真就愚蠢至极。

坏情绪往往是源于不幸的遭遇，这是无可奈何的事。但不可让心永远被之束缚，否则就是作茧自缚。而要想改变这一切，唯有换个想法。让想法由消极到积极、由悲观到乐观，就能豁然开朗、解忧除烦，结果自然也就两样了。

在做生意失败之后，如果以自己的主观想法认为：“我彻底报废了，已赔光家底儿，以后不会再有任何乐趣。”这样一想，日子从此就会黯淡无光，真的是生不如死了。实际上，再绝望的处境，也都有一丝希望，就算已倾家荡产，也不至于就真的完蛋。假如能在悲情险境面前这样想：“没关系，起码我还有健康的身体，无论发生了什么，我相信自己都能扛过去的，一旦时来运转，我就会再度起飞。”心怀这样的想法，事情又怎能不向好的方向发展呢?

事情的结果其实是源于自己的想法。想法一变，做事的方式就会变，结果自然会好转。因此遇事要尽量往好处想，激活心底的正能量，眼前就会是一片阳光。

我在街头时常会遇到一位卖小食品的老人。她身体瘦弱，却一脸喜色。一天，我禁不住问她："大妈今天又有什么高兴事儿吗？"她畅快地回答说："我在这儿每天都能赚到钱，风湿的老毛病也好了，你说这喜不喜人呢？"

人之所以觉得幸福，并不见得是因为物质富足。幸福源于知足的心态，对自己已经拥有的一切感到满足，如与人相处、共享美味等，懂得发掘其中的快乐；而不知足的人总觉得生活处处不如意，没有时总是想得到，一旦得到了又不觉得有什么好，总是难有好心情，这实则是人生的大不幸。可以说什么时候懂得知足，什么时候就会拥有幸福。

人不管处境如何，都应以知足的心态快乐地生活。不知足的人只会拼命地到处索取，一直没有目的地，所以内心永远也平静不了，反倒时常烦恼；而懂得知足者，就会摈弃那些不必要的欲望，以乐观、豁达的心态去对待生活，进而能在身心愉悦中得到更多。

纵是生活坎坷、磨难多，也要让自己"乐活"。快乐地生活，才能助益事业发展，拥有充实的幸福感。

幸福不是源于抱怨，而是源于满足

生活中的人，如果只寻找或记忆诸多满意之处，就会觉得幸福；如果总记着令自己不满意的地方，就会觉得心伤。即使是面对同样一件事物，满足或不满足、幸福与不幸福的程度，差别会是相当大的。

的确如此，人的一种心理本能，就是很少想到自己所拥有的，却总是惦着自己所缺失的。这种倾向实则是一种心理误区，它会带给人不幸与灾难。要想改变这种状态，让自己快乐起来，需要改变内心的关注点，从抱怨自己所缺失的转而庆幸自己所拥有的。

郭翔毕业后一直在一家企业做基层工作，工作累、收入低，他对自己的现状极不满意，常常哀叹自己命运的不幸。直到有一天，他遇到了高中时的同学，同学得知他的近况后竟然称道说："你还挺能坚持的，现在总算还有工作，而我名牌大学毕业又如何？最近连连失业。其实在基层工作没什么不好，我现在也在考虑到基层去。不要轻易放弃，要珍惜自己已经拥有的。"郭翔反复思考后，觉得自己的生活其实并没有那么糟，是自己过于心浮气躁，才产生那么多埋怨与不满。这样一想，郭翔豁然开朗，不再一味发牢骚，而是将工作做得井井有条。两年之后，他升职了。

好运从来不源于抱怨，而是源于积极肯干。不要抱怨自己工资低，而要庆幸自己拥有一份工作；不要想着辞职不干，而要想着改变工作局面。这样就可能改变事情的结果，让快乐进驻内心。

人的一生并非坦途，会有许多挫折、不幸，不管生活遭遇如何，内心都可以是快乐的。尽力寻找事物的最好一面，并养成感恩的习惯，这样会使自己成为世上最幸福的人。

史蒂芬·霍金在英国剑桥大学获得博士学位后，开始专心研究宇宙学。可此时，他却被查出患上了卢伽雷病。这种疾病导致他肌肉日益萎缩，整个人骨瘦如柴，最后他整个人被永远地固定在轮椅上了。但是他意志顽强，在此种状态下仍坚持完成了《时间简史》，此书一出版，立时轰动全世界。

有一次，在公众场合，一位女记者向躺在轮椅上的霍金大胆地提出了一个问题："可恶的疾病将您永远囚禁在轮椅上，您是否经常诅咒命运对您的不公？"

这显然是个触及伤痛、让人有口难言的问题，立时吸引了所有人的注意力。只见霍金头部斜靠着轮椅，用能动的手指敲击出了这样一段文字："我还有能活动的手指，我还有能思考的大脑，我有自己终生热爱的事业，有众多的人在关爱我，所以我是无比幸福的。"他的回答震撼人心，赢得了人们的阵阵掌声，人们全都由衷地向他致敬。

不为自己的残缺感到悲哀，而是欣喜于自己所拥有的，这是理性思维，也是智者心态。只要愿意，每个人都可以拥有快乐知足的心态。不要遗憾你未曾得到的，如未完成的学业、过早终止的恋情、未享受到的舒适的生活环境……你所拥有的，如健康的身体、学习的能力、关爱自己的人……这些都是你应庆幸、珍惜的。

即使面对再不堪的处境，也不要怨天尤人，而要从中挖掘值得珍惜的。于是，内心就会被一种充实感、幸福感填得满满的。

换个视角，缺憾亦为圆满

人总是本能地渴求完美的一切，相貌、配偶、职位，似乎这些都是完美的，生活就会无限美好了。然而，生活的一个特点就是历来有“缺憾”，它们总是与人如影相伴。

其实有圆有缺，有得有失，正是人生常态，历来无法更改。你不可能一边在觥筹交错中应酬着，一边还想得到隐逸的欢乐；你不可能各种好处兼得，在各个方面都非常出色。你总要先失去些什么，而后才有可能得到些什么。

有时失去即为别样的获得，而失望中可能正孕育着无限希望。困境与挫折面前，不要一蹶不振，而要保持一颗平常心，有时调整一下心理视角，或许就能化失为得、柳暗花明。

有个人在一次事故中不幸瞎了一双眼睛，最初他痛不欲生，甚至想轻生。后来经过一番苦痛挣扎，他突然意识到：“不幸已然降临，非常糟糕。但是还好，我好歹还是活着的，活着就好！我还有手脚，即使没有了眼，只要用心生命就可以更健全！”

失去双眼已是既成的事实，哪怕再悲痛也无济于事，那不如干脆换个视角来看待这一切。遭遇再不幸，其中也蕴含着积极因素，只要懂得用心寻找，就能化解它所带来的痛苦、烦恼，找到健康向上的道路。

生活时常困顿多艰，让人在其中苦苦挣扎却无法突破命运的茧。条件较差、连连挫败、情场失意……无论是哪种缺憾，都要坦然接受，然后尽力设法弥补及化解。在种种缺憾、遗憾面前，要勇于舍弃、勇于承受才能峰回路转，开创新局面。

想当初，面对着自己渴求的美好爱情，一腔挚诚地去追求，末了得到的却是天各一方的悲凉，又怎能不因此心伤？但是，此时再怎么苦苦哀求、痛悔挣扎，恐怕都已经无济于事，与其就此沉溺其中，不如洒脱地为自己放行。对待感情需要理性，不可藕断丝连、纠缠不清，一旦情尽人去，就要及时放手，拿得起、放得下，才是智慧的做法。

再深的感情、再美的画面，也都只是曾经，风吹落花，流水飘零，也只能由之去。由此带来的内心隐痛，会让人更懂得珍惜感情。当一切真的过去，当一切都变成遥远的回忆，你会明白得失转化的真谛。

尝试着以一种新的视角，看待生命中的所有缺失，心境就不会为此所扰。要相信无论人生隧道多么黑暗，耐心穿越之后就能得到属于自己的圆满。

凡事想得开，才能遇见未来

你是否会有种活得很累的感觉？人活着就会扮演多重角色承担，承担各种任务，其间还容易遇到各种压迫、不如意，不禁让人上火、生气。活得太累，其实是心累。要想活得明白、活得自在，就要想得开。

凡事想得开，意味着能够理性地让步、明智地取舍、长久地忍耐，这需要一定的修养与定力，更需要开阔的胸怀。

想得开是一种豁达的心胸、安详的心态，是一种成熟而智慧的生活方式。一个想得开的人，遇事不会钻牛角尖儿，可进可退，不患失患得，不仅拿得起来，而且放得下去。如果能遇事想得开，坏事就有可能变成好事，失败就有可能转化为成功，愁闷就有可能转化作喜悦。如果能够想得开，内心就会没有忧虑与牵挂，就能腾出心力去做些更有意义的事情，因此遇事一定要想得开。

遇事想得开，首先不要拿自己的错误惩罚自己。如果有心或无意地做错了什么事情，不要自怨自艾、折磨自己，而应学会淡忘与释怀，放过自己，才能得到一片新天地。

也不要拿别人的过错惩罚自己。假如别人伤害了你，千万不要总想着敌视、报复，要学会把心放宽，让爱的阳光照射发霉的心田。假如他人不小心弄坏了你的某件心爱之物，你是否会骤然发怒？可事情已然如此，发怒也没什么用了，何必还要用愤怒伤人害己呢？想得开的人，能保持内心的平静，“猝然临之而不惊，无故加之而不怒”。冷静达观地对人对事，就不会轻易地动怒发火，这是有利于他人及自己的。

即使人生境遇不佳，也用不着怨天尤人，人生哪来的一帆风顺？生存环境不好、房子太小、工作不称心、人际关系不和谐等。对于这类事情，如果能保持阳光心态，心里就会想得开，就能妥善处理好这些事情。如果遇事想不开，越想越气，失去自控力，言行就可能越轨，到头来受伤害的还是自己。事后冷静下来想想，这样做其实根本就不值得。

有什么事需要一直想不开呢？错失了一份情缘，也许是为了下一次更好地遇到；他人都看不上你又如何，你更要好好爱自己，你如能好好爱自己，他人就可能会更爱你，因为自重的心有着无穷的吸引力。即使他人都比你有钱、有闲、有地位，也不必眼红心嫉，而只需要心境平和地不断进取。

若想把事情想得开，就要保持平和的心态。其实，太多时候，人不是被各种不好的事情所束缚，而是被自己的心所框死。当你感叹心太累时，要试着打开那把心锁。为心灵松绑，就能跳出世俗的泥潭，让自己轻松地前行，从而到达自由美好之境。

心存正能量，生活就有无限的希望

身处浮躁时代的我们，时常会感到迷惘无措，甚至可能会走向堕落，此时尤其需要一种正能量来克服人性的弱点，抵挡尘世的黑暗。

年轻的时候，人都会本能地喜欢看些修养心灵、激励志向的文章。看后觉得浑身有力量，只想向上。难怪多年以后人们将这类文章称为“心灵鸡汤”。

可随着时过境迁，人心也日益混乱，就不那么纯洁了，爱看一些哗众取宠、博眼球的东西。如果谁还爱看励志文章或总在朋友圈发这类东西，是会被骂及嘲讽的，甚至会遭到屏蔽。

的确，有些励志文章比较倾向说教，不是那么生动感人，容易让人讨厌；有的鸡汤文治标不治本，只强调怎样做好但不告诉人具体应当怎样做，容易使人悬在半空中，不愿意行动。但是任其怎样不实际也好，还是可以从中汲取营养的，其中总有些语句是有用的、是可以信奉的，关键在于要从中选择性地吸收。

励志文章的好处在于，即使它无法马上改变人的处境，但是它可以为人的内心注入正能量。当人的条件较差、处境不佳，又经常遭受挫折，内心会极其迷茫、失落，甚至有些痛不欲生，此时是极其需要读一些正能量文章的，它就如同一道光，能驱散眼前的黑暗，清扫内心的阴霾，使人起死回生，重启前程。

悬崖边上的人，需要一双手用力的一拉；走夜路的人，需要一盏灯的指引；失意的人，需要一点安慰与鼓励，哪怕只是几句话，都有可能鼓舞起其生的勇气，使其重新再出发。人在囧途、艰难中跋涉，苦熬中挣扎，实在难以支撑时，不如用心寻找一些励志文字，只要能看进心里去，就能鼓舞起奋斗的勇气。

“鸡汤”对于心灵终归有用，不该成为某些人的笑柄。在某个觉得痛苦无助的时刻，其中的有些语句如同一道光线，或许会突然照亮你心底的黑暗。当人迷茫失落、脆弱无助时，那些风花雪月的情感文章绝对给不了你力量。此时还得从“鸡汤”中找营养，从中选择几句自己认可的话，将其根植入内心慢慢生长，直到它成为一种信仰，内心也就有了光。

人在年轻时都容易叛逆，那时内心往往软弱无力，遇到点挫折就会轻易放弃。及至多少年后，才意识到对于人生最重要的，仍是那些散发着金属光泽的励志文字，只有它们才能让人突破自我、不断超越。

拥有正能量，就能找到前行的方向、激发内心的力量，让前方不再灰暗、迷茫。即使人们都在排斥“鸡汤”，我们仍要心存正能量。这样即便生活再怎么艰难苦涩，明天也是有着无限希望的！

感恩能净化心灵，使人活得更轻松

大海之所以波澜壮阔，不仅在于它具有能包能容的度量，更在于它有一种自我净化的力量，能以它的平静与坦荡慑服人心。其实人也一样可以拥有这种非凡力量，其源泉就是感恩之心。具有感恩之心，能够消除内心的灰暗情绪，如自私、冷漠、恨意等，从而净化人的思想，使人健康成长。人懂得感恩，就会对自己身边的人或事物不由自主地产生感激之情。

以感恩心态对待逆境，能使人情绪平静、乐于进取。各种困难与挫折，好似人生中的阻碍与不幸，好似应当受到诅咒的，但是换个角度来看待，就会发现其中的好。

各种磨难虽然会折磨身心，却也能够激发潜能，使人决然奋起，有力量去改变及突破命运的定局。如果生存环境过于安逸，人就容易不自觉地消沉下去。而正是因为有了各种大小挫折，才促使人在各种艰难求索中得以成长及蜕变，最终谱就一首人生之歌。对此，真的应该发自内心地感谢！

感谢那些曾经为难、折磨、打击过你的人，因为正是这些东西，才让你清醒地认识了自己，同时也磨炼了意志、强化了内心，使你变得更加坚强、勇敢，日益强大起来。正是昨日的那些异己让你成长为现在更优秀的自己，所以应当说声“谢谢你”。

在生存与发展中游走，难免会遇到自己的竞争对手。对手总会给人带来压迫感，让人觉得厌烦，恨不能离之无限远。但静下来想想，一个人的旅程未免孤单，正是因为有了对手的疯狂追赶，自己才会不断奔跑、不断地自我完善。是对手促使你思考与行动，让你不断自我改进，逐渐增强竞争力。所以，对手也是真的值得感谢的。

感谢批评你的人，是他们使你学会反省；感谢欺骗你的人，是他们使你学会防备；感谢攻击你的人，是他们使你学会自卫；感谢背叛你的人，是他们使你学会独立；感谢侮辱你的人，是他们使你学会坚强。

生命中最应当感谢的人，是友人、同仁与家人。在你困顿失意时，是家人给你温暖的鼓励，让你拥有前行的动力；在你前程黯淡时，是朋友伸出援助之手，替你分担忧愁。正是这些人的关心、帮助与陪伴，才使你度过人生中的灰暗阶段，在温暖中不断成长。因此应珍惜这一份份情谊，善待每个与你共患难的知己，让内心多一份感激。

感恩生命，感恩生命中的一切！包括困难与挫折、敌人与友人，甚至包括健康、空气与太阳！

感恩之心，如同生命中的阳光雨露。感恩是一种美好情怀，它能净化心灵，使人活得更轻松。感恩不见得是由于幸福，但感恩的确能使人更幸福。感恩生命中的一切，会得到更美好的世界！

第四章

懂得容忍，强者之心能包容一切

面对世事艰难，要懂得把心放宽。心若宽了，痛苦与烦恼也就变淡了。面对已经发生的种种不幸，完全可以放开自己的心胸，让之能包能容。对于一切黯淡与挫折，肯用心去包容，就能改变发展前景。心胸一变，天地自然宽。

生气时，要善于进行心理调节

生气有时是一种不由自主的行为，同时也是一种愚蠢的行为，因为它是在用自己的身心健康为别人的过错“买单”。

研究结果显示，当人的心中产生恐惧、焦虑、抑郁等不良情绪时，就会出现血压升高、心跳加快、头晕、失眠等症状，导致身心疾病的发生。因此人活着切莫生气，否则很难健康地生存。

一天，一位女士求助于某著名的保健医生说：“我现在脸上的皱纹在增多，身上刺痒得难受，还经常失眠，我要怎样做才能好转？”对方吃惊地问她：“你觉得这些症状的原因是什么呢？”

这位女士告诉医生，她原先是公司的“红人”，理应被升迁重用，但是最后被提升的不是她，而是一个能力一直在她之下的同事，眼见自己失宠后的种种难堪处境，她嫉恨不已，渐渐地就出现了以上症状。

医生听了她的陈述后，郑重地告诉她说：“如果你不祛除嫉恨的情绪，就会继续痒下去，直到身体溃烂！只要能调整心态，设法消除不良情绪，你的症状就会不治而愈。”

她接受了这番建议，为了消除妒恨，她选择包容、原谅对方。她让自己这样想：她能力固然不如我，但是性格比我好得多，她的提升是有道理的，我改进自己好了。这样一想，愤怒感逐日减轻，症状渐渐好转，最后终于痊愈了。令人意外的是，她自身态度的转变，感动了那位被提升的同事，于是对她很是照顾，彼此成了很好的工作伙伴。从此她活得轻松而快乐。

生活中，假如他人伤害了你，或是你遭遇了不公对待，千万不要生气愤慨，而应学会用心包容。此时，如果心头火起，愤恨不已，就会感到痛苦难安，还有可能会损害身心。唯有用宽厚的心态去对待，内心才能轻松起来。

因此，生气的时候要善于进行心理调节。祛除埋怨和嫉恨等不良情绪，腾出一定的心理空间，填满宽容和谅解，火气自然也就消退了，身心才能真正健康起来。

心存宽容，路自会畅通，尽观世间美好风景。

失意来袭时，要懂得把心放宽

悠悠岁月，世事纷扰，偶有失意，在所难免。谁都会有烦躁、痛苦，甚至抑郁的时候，遭遇到种种不如意时，不必怨天尤人，一味嗟叹、不满纯属无用，一切唯以心宽化解。

失意可以有，但不可沉溺，否则就会意志消沉、止步不前，永远难以有所作为。因此当你因种种不顺心、不如意之事而烦躁不安时，要学会用心包容。人的内心如同一个湖，对痛苦的承受能力取决于湖的容积。当你感到痛苦不堪时，不如试着扩大湖的容积。即使你现在还一无所有，但一样可以成为内心强大的人。内心一旦强大了，一切难堪和不如意就会被稀释。

青扬一向比较情绪化，一遇到不如意的事情，情绪就会比较低落。大学毕业后的那段时间，是青扬的心理灰暗期。在一家公司做职员的他，工资比较低，竞争却很激烈，再加上人际关系也处理不好，让他有些受不了。更令人伤心的是，相恋几年的女友此时也和他分手了。面对现实的种种不顺，他的心支离破碎，甚至难以支撑下去了。

家人与朋友的劝慰似乎都无济于事，青扬只是一味地沉浸于悲伤里。他知道这样挺不好的，但却不知应当如何来化解。他颇为苦恼，直到后来的一天，他偶然咨询了一位心理医生，从中若有所悟，这才一点点开朗起来，经过一番努力，他终于摆脱了心理困境。

那位心理医生在听完青扬的诉说后，把他带到室内的一张桌子前，医生将上面放着的一大杯水指给他看，然后不紧不慢地对他说："这杯水是一个月前倒的，每天都要承受很多灰尘的落入，但至今看起来仍很清澈，你说这是为什么呢？"青扬起初也很是不解，水杯中落入那么多杂质，最终为什么仍很清澈？他用心思索着，突然激动地说："原来是这样，灰尘已然自动沉淀了，我也可以将不快沉淀到心底啊。”

医生赞同地点点头：“对啊，生活中失意的事有很多，它们就如同这杯水中的灰尘，你越是烦躁不安地来回纠结、震荡，它就会将你缠得越牢固，而如果你能顺其自然，渐渐让其沉入心底，以包容之心将其容纳，这样心灵就不会因此而变混浊，反而会更加纯净了。”

当失意一再来袭时，一定要把心放宽。将所有挫折、不顺、烦恼、懊丧统统都沉入心底吧，不要时不时地任其在心头纠结，只有将其慢慢地沉入心湖之底，才能活得明媚快乐而有底气。

面对人生中的各种不如意，不要成天唉声叹气。只有那些懂得化解失意，并在包容中不断强化内心者，才能得到丰厚的收获。

即使世道狭窄，心胸亦要宽阔

虽然有时世事艰难、世道狭窄，但是世界终究是开阔无比的，那么为什么不能让自己的心胸更加开阔一些？

人生有时挺偶然，分到你手里的果实总是有甜有酸，得到小果子就应感谢它的甜，得到酸果子就应庆幸它的大，这样烦恼也就然消失了。心是烦恼及快乐之源。以包容心态待人处世，眼前就会光明起来；以狭隘的心胸面对现实，日子就是灰暗无光的。要想得到好的结果，包容之心是必不可少的。

现实有时污浊凌乱，让人不禁想甩手不干。此时，切莫因此退缩逃避，要学会包容接纳。工作不顺时，不必抱怨，反倒应更加踏实肯干。如果能用心改进工作方法，困难自然也就不大；如果因人际关系处理不好难以开展工作，就停下来想想症结，然后积极去解决；如果因为受挫而失落，那就认真总结经验教训，而后再去寻求新的成功。

其实，现实并非那么山穷水尽，只要能打开心胸包容它，一切就会变得不同。不要耿耿于怀“为什么会发生这种事”，而应想想“此事发生后我应怎样应对才行”。失业没什么，也许正是重建人生的新契机；一再碰壁也无妨，只需重新上“战场”。这样一想，愁怨也就变淡了，希望也就重现了。

生活中，经常会发生很多意外伤害的事情，这容易扰乱人的心情。但是既然事情已经发生，怨天尤人不如轻松以对。要尽量放宽心胸，能容能纳就可以成为内心强大者。内心一旦强大，什么挫折伤痛也都能接纳。

大林工作一直积极肯干，很受人赏识，可就在他快要被提拔的时刻，却突然被人举报了。经过一番调查，大林是清白无辜的。大林升职后的一天，有人私下找他，想告诉他举报他的人是谁，这人还没有说出来，就被大林阻止了。那人很是不解，大林这才说：“我不想知道他是谁，过去的就让它过去吧，仇怨还是烂在肚子里最好。”像大林这么有度量的人，日后的前程能错得了吗？无须多言，事实已然证明了此点。

社会非常复杂，难免会与人发生各种摩擦，世间鱼龙混杂，正邪、善恶往往交织在一起，此时尤其需要有一定的胸怀。否则，只能使自己的路越走越窄。把心胸放宽，对于曾经的恩怨情仇，该放就放，该忘就忘，这样才能从容坦荡，开创崭新的人生。

选择宽恕，拓宽自己的发展之路

在这竞争日益激烈的时代，我们无法避免被伤害。明着的争吵，暗着的抢夺，还有各种不紧不慢的压迫，都会让人觉得心碎、受伤，一腔怨气积久之后就转化成怨恨心理。于是眼看着爱情被抢夺、人格被贬低、工作被看轻，你不想再付出任何真诚。面对伤害你以怨报怨，心理上觉得舒坦了一点，可这只是暂时的，很快你就发现自己被伤害得更深了。

冤冤相报无休止，唯有宽恕能终止。有研究表明，人如果总是活在过去的仇怨中，心理就容易扭曲变形，使生活变得异常沉重，甚至还会严重损害身心健康。台湾地区有一位女演员，在遭到丈夫的抛弃后，内心积郁成疾，极度的怨恨情绪，使她迅速地消瘦下去，最后体重只有四五十斤，一张脸更是僵硬而变形。生死关头，她求助于一位著名的心理医生。对方了解实情后，一针见血地指出："祛除心中的怨恨，这样才能健康起来，否则，世上无人救得了你。"

总是沉浸于过去的恩怨之中，就如同戴上了沉重的心灵枷锁，是会严重损害身心的。若想自我救赎，宽容是一条生途。种种仇怨嫉恨等不良情绪，唯有用宽恕才能清理。种种伤害敌视的情形，唯有用宽容的心应对才能使自己活得轻松。

他是国内知名的房地产商，经过多年的苦心经营，他把事业做得很大，积累了巨额财富。可尽管成就非凡，他也无法摆脱新仇旧怨的纠缠，这使他身心备受折磨。在熬过无数个不眠之夜后，经过几番思想斗争，他最终用宽恕解决了问题，将自己从烦躁不安中解救出来。

他将多年来曾经与他有过仇怨过节、利益纷争的人一一写在纸上，看了一遍，然后，把纸在蜡烛上引燃，从此将所有的新仇旧怨一笔勾销。

曾经，他的心中充满了对这些人的怨恨，身心因此难以获得安宁，觉得压抑沉重。当把那张清单烧掉之后，一切仇怨也就随风而逝，心中顿时轻松释然。之后的日子，他对那些人以礼相待，时常问候，重新建立起友谊。

对于自己曾有心或无意伤害过的人，他诚恳地道歉，取得了对方的原谅。

做完这一切的他如获新生，只觉得如释重负，走在人群中觉得众人都在向他微笑。他以轻松、愉悦的心情去工作，也更加具有效率了。

当你陷入因仇怨而产生的难堪境地，应悟出一个道理：与其在嫉恨中承受风霜雨雪，不如在宽容里享受天高地阔。面对过去种种的恩怨，斤斤计较不如学会宽恕。宽容不但能融洽人际关系，也能使自己的心得到慰藉。唯有学会宽恕，才能身心愉悦地生活，并且有助于事业发展。

宽恕与否，关键在于自己的选择。心念一转，选择了宽容，也就走出逼仄的人生死角，拥有广阔的生存空间。

现实无法改更，排斥不如包容

现实总有诸多不尽如人意之处，如工资低、住房紧张、人际关系不好等，真让人有点喘不过气来。此时牢骚、谩骂、生气皆无济于事，不但不会改变事态的发展，反倒给自己又增加了几多负担。那么，当面对内忧外患时，应当怎么办呢？深深地吸口气吧，在吸气的同时接纳这一切！

在漫长的一生中，谁都难免会遭受许多难受的事情。此时，如果纠结于其中，无力摆脱，就容易陷得更深；如果抗拒它，就有可能使人生翻车。除此之外，还有第三种聪明的应对方式，就是把它当作不可逃避的事实，坦然地接受它，然后努力适应它。

成功者大都不是一帆风顺的。武健刚毕业时在一家工厂的车间工作，他每天干的活就是火星四射地加工零件，还兼干其他很多体力活，手常常被磨出血，月末领的工资还不多。

在这种环境下，许多人都不干了，但他没有怨天尤人，而是选择了坚持。后来，在一次技术比赛中，他摘得金牌，很快晋升。之后又经过一番拼搏，他终于有所成就了。

当人不幸遭遇困境，不要不停地抱怨世道不公平，而应早早学会适应。牢骚越多，越容易心态消极，进而放弃一切努力。而从接纳的角度考虑问题，就能把怨气变成干劲儿，把消极变成积极，从而赢得更多的机遇。

人无法阻止不幸的事情发生，但却可以控制自己的反应。如果我们为自己无能为力的事情而烦恼，那无异于作茧自缚，甚至自残。面对已经无法改变的事实，急躁排斥不如坦然接受。在此点上，不妨想想蚌，它的体内冷不丁侵入一粒粗糙的沙子，令它在痛苦中挣扎，它尽力接纳，想方设法将自己与沙子同化，最后终于孕育出一颗晶莹圆润的珍珠。柔弱的蚌对异物的包容，令它起死回生，从黯淡无光到光华四射。所以，与其急于排除掉那些困扰自己的异物，不如多想想如何接纳它们。

人在成功之前所承受的磨难，正如蚌在孕育出珍珠之前所包容的沙子，虽然曾经让人疼痛无比，结果却会令人欣喜。

每个人的体内都时常会侵入一粒沙子，成天无休止地受着它的折磨，这能舒服得了吗？面对种种的困扰，很多人都会谩骂、发牢骚、消极怠工，甚至跳槽等。但换个地方，困扰仍旧存在，于是重新再来。浮躁难安，反复无常，这正是很多人毕业很多年后仍旧一事无成的原因。其实，如若能过早地明白包容胜于逃避的道理，以理性的态度尽早地接受现实，反而能找准自己的位置，做成有意义的事。

对于生活中一切的黯淡与挫折，能改变的就改变，不能改变的就接受。既然拥有了生命，就要用心去包容，命运会将一份厚礼还报给你的。

与其“你死我活”，不如双赢

人似乎天生就有一种竞争性，会本能地希望自己比别人强，并且很难容忍他人强过自己。因此，在面对各种利益的时候，往往会选择你争我夺，拼个你死我活也在所不惜。其实这是一种不明智甚至是愚蠢的做法。竞争固然可以促进个人的发展，但是过度的竞争却只能导致两败俱伤。只有各自退让一步，让双方都得到好处，即双赢，才能够让利益长久地保持，让双方都满意。

利益不可全占，要适当舍弃，让和你并肩作战的人都能够得到一部分好处，这才合乎生存法则。所以从理性角度来说，那种“你死我活”的争斗是得不偿失的，从长远来说也是不利的，因此应弃之而选用“双赢”策略，让彼此共同存活。

面对自己的对手，人的通常表现是：咬紧牙关，迎头而战，决不退缩。但明智者的选择却是：与对手握手言和，友好地站在他的身边，把对手变成自己的朋友，实现双赢。

某单位的一次职位竞选中，大江败给了竞争对手小欧，心里很是失落。他担心自己以后恐怕在单位没有好日子过了，因此萌生了离职念头，但又不甘心放弃已干得极熟练的工作。正在大江犹豫不决时，忽然收到小欧交给他的一项重要任务：去外地开辟一个新市场，他被任命为主管。这个决定出乎大江的意料，他明白这是小欧对他的信任，因此决定再难也要将工作圆满完成。

这就是小欧对待竞争对手的双赢策略。他说："我和大江同在一个单位工作，你上我下是正常的，但是不能因为这样就互相伤害、互相对峙，容易破坏团队氛围，所以我们之间应和睦相处，况且大江的能力也不差于我，所以没有理由不重用他啊。"后来的事实证明，小欧的选择是正确的。大江最终圆满地完成此次任务，和小欧之间的关系也更近了一步。

小欧的这种做法颇让人称道。我赢了可是你也没有输，我们都得到了各自的好处。无数事实证明，对于有利益冲突的竞争对手，不可一味往"死里整"，而应退让一步，携手共进，开辟一条互利之路。

各种激烈的竞争，尽管具有残酷性，也切不可忽略双赢，要以共赢思维做大自己，而不是以"你死我活"的过激心态伤人害己。能以包容的胸怀与人携手同行，就能心情舒畅地取得意想中的成功。

婚姻如水，包容是杯

婚姻如水，包容是杯。用包容的心态对待另一半，用理性的思维去解决冲突，这样才能让婚姻更加美满和幸福。

浮躁的时代，“闪婚”盛行。这种“闪电式婚恋”看似浪漫，实则有着不小的隐患。闪婚后往往会出现“相处太难”的尴尬局面。由于接触时间太短，感情基础较薄弱，一旦有点风吹草动，就容易“闪崩”。这样的离婚未免代价太大了，浪费心力、财力不说，心理上的伤痛也是巨大而难以治愈的。

转眼间，大龙和女友已经结婚一年了。此时，他们的感情生活正日益平淡，少了最初的温情与浪漫，多了许多摩擦。他俩时常会因为一些琐事争吵不休，针尖对麦芒。也可能会因为某件事而冷战，僵持许多天，总之都对对方不满。于是，不自觉地，就会怀疑自己是否选错人了，心开始烦躁难安，害怕爱情悲剧的上演。

对于有着不同习惯与个性的两个人来说，一旦在一起生活，发生顶撞甚至碰撞是难免的，因此，在婚姻之前需要经过一个磨合期。磨合期内，两个人会在思想、观念、个性、习惯等各方面产生摩擦，因此争吵、打闹、互损、互贬等也是难免的，需要彼此相互适应，为对方做出积极的改变，才能使彼此双方更好地接纳及生活。例如，你爱吃咸，对方爱吃淡，于是就可以折中为不咸不淡；你想看书，他想散步，于是就可以协商为先看书后去散步……

磨合期内尤其需要包容，没必要凡事非得分出个高低对错，非得理论谁行谁不行，时不时地退一步是必须的。这样能加深彼此间的情感，为双方都找到一个更有力的支点。

男女都不妨宽厚些、容忍些，切忌对对方严防死守。你盯得越紧，越会加重对方的逆反心理。

婚恋生活需要宽松的氛围，而不是死死的束缚，是理解包容而不是时时警惕。如果想要婚恋长久，就要擅用包容。包容能平息纷争、延长婚姻的生命。

一位拥有幸福婚姻者，深有感触地说：每当与对方争吵，气得她直想叫骂时，她就会劝慰自己说："算了吧，他犯的错是我可以原谅的那一个。"

要对爱人尽量包容，并试着去发掘对方身上的闪光点，忽略其缺点，这样爱情才能保鲜。当男人发火时，女人可用温柔劝解为其灭火消气；当女人无理取闹时，男人可用宽容大度化险为夷。

如若没有包容来为爱情照明，婚姻之路将会是漆黑一片。爱情若想牢固，需要长时间地酝酿感情，也需要用心包容。经过了此过程，感情才可能温热可感、持久缠绵。

婚恋磨合期虽然漫长了些，其意义却是不言自明。耐心熬过这个阶段，爱情自会春暖花开，双方将变得默契十足，感情极有温度。所以，婚恋时期如煲汤，心急不得，唯有炖够时间，才能"色香味"俱佳，从而书写爱情神话。

第五章

不追悔不妄想，安然地活在当下

活在当下，指的是甩开过去的悔恨，舍弃未来的臆想，全身心投入眼前的这一刻，这是最明智的选择。如若将力气全耗费在过去与未来，却对眼前的一切视若无睹，那么永远也不会得到幸福。活在当下，珍惜眼前，生活自会幸福而安然。

最智慧的活法——活在当下

有个流行的说法叫“活在当下”。什么意思呢？不妄想明天，不悔恨过去，让自己无挂无碍地全身心投入眼前的这一刻，该吃饭的时候就吃饭，该睡觉的时候就睡觉，这就叫“活在当下”。

有人可能会说：“这很容易呀，我不是一直都在活着吗？”这话没错，问题是，你是“真正地活在当下”，还是心绪混乱地想着昨天、惦着明天地活着？假若你不自觉地总是忧思未来、烦恼过去，却对当下的一切视而不见，那么你永远也不会得到心安。人往往会不自觉地为过去与未来而活，很少有人能真正地活在当下的。

人都爱本能地为明天忧虑，总想提前解决掉明天的所有问题，其实这是徒劳无益的。人要有远虑没有错，但是如果考虑得过多，将远虑变为忧虑就是悲剧了。这样的人生你是否熟悉：上学时忧虑考不进好大学，工作后忧虑没业绩，接着，又在为结婚对象忧虑，然后，又成天忧虑孩子的未来，好不容易熬到退休，自己却已疲惫得走不动了……这时才发现真正快乐的日子没几天了，可悲的是，人生已经无法从头再来……

人们年轻的时候，往往都心怀种种梦想，时刻都在为明天打拼、为未来做准备，一刻也不让自己闲着，心想：等我得到了想要的一切，就会快快乐乐地生活。

经过多年的辛苦打拼，梦想终于成真，但却发现自己已经快乐不起来了，甚至已变得很焦虑，时常生闷气，甚至觉得快要支撑不下去了。

盲目为明天忧虑，就容易忽略眼前的一切，从而与幸福擦肩而过。如今，忧虑似乎已经变成一种常态，也是未来生活的祸害。生活中有一种现象惊人：正在出现成倍增长的精神病人，其病因大多是因为不堪生活的重负。他们活得何其糊涂，不懂得“人活在今天最好”，所以才活得如此抑郁、烦恼。

这真的值得我们停下来好好想想，不妨问问自己：我眼下所做的事情有没有令自己更快乐，我有没有好好生活？答案如果是否定的，就应好好改进一下了。不要忧虑明天，不要臆想未来，如果总是不着边际地妄想、规划未来，成天想着“如果那样该多好”，就容易因偏执而产生烦恼。

也不要总是纠结于过去，徒然挣扎于过去的迷堆里。要心无牵挂地全力投入眼前的这一刻，吃饭的时候就吃出味道，睡觉的时候就睡个好觉，工作的时候就专心工作，玩耍的时候就尽情玩耍……这就叫活在当下。活在当下，是一种善待生活的姿态，更是一种明智的行为，它是智者之所为。未来的幸福仍是遥不可及，当下的幸福才值得珍惜。珍惜当下，不要因为担忧明天或是悔恨过去而白白浪费一个又一个大好的今天。

活在今天，甩开一切烦恼与牵绊，让心自由放松，就能助益自己的人生。善待眼前的一切，真真切切地过好每一天，就是最幸福的生活。

当下的念头即是未来，即是梦想

对于过去，无须过多地回忆，因为回忆过多不但会令人伤感，还容易让人厌烦。过去已成为昨天，不要使之成为今天的负担。而对于未来，不要有太多虚无缥缈的幻想，因为这容易让人心慌，会使现在活得不像样。

内心可以有些或大或小的渴望，用以激励自己奋发向上，但却不应当让其成为痛苦的根源。如果不能立足于眼前的实际，而是凭空想象未来，由偏执带来的忧愁苦恼就会产生。

明天可能会有烦恼，但是今天无法预料。今天自有今天的事情要做，全心全意地做好今天的事情就可以了。

当下的每一时刻，都在抉择及造就着未来。其实未来并不遥远，它就孕育于我们扎实努力的当下的每一天。要以平常之心对待未来，今天懂得把头埋下来。

当你刚从学校毕业时，往往会迷惑不已，不知应何去何从，对未来发展一团茫然。其实此时最明智的做法，就是不妄想未来，而是切实做好手头的事情，为心目中的未来宫殿添砖加瓦。

为明天做准备的最好方式，就是要将自己所有的能力与热情，全力投入今天的切实事务中。这是在明智地把握今天，也是开创成功人生的关键。

明智者会在今天开始计划未来，并且不断展望未来。有智慧者能根据未来趋势规划今天，并紧紧抓住每一个今天。如果能根据自己的实际情形对未来做出种种规划，并且善待每一个今天，这才是“活在当下”的最好体现。活在当下，就意味着全身心地投入。当你活在当下，既没有拖着过去的尾巴，也没有未来把你往前拉时，全部的能量都将集中在一点上，这足以将生命之火点得更旺。

的确，活在当下能够更充分地发挥自己的生命力。当一个人能从未来的陷阱与过去的泥潭中抽身出来，不忧不惧地面对自我及人生时，一定会充分而巧妙地发挥自己的能力，对世界及他人有所助益。

过去已成历史，未来尚不可知，只有“当下”才是最值得珍惜及利用的。唯有把握好当下，才能决定未来的走向。所以，切勿错过当下！

把握现在，活在今天的方格中

在现实生活中，存在一种惊人的现象，那就是精神病人正在增多，抑郁症也越来越常见。究其病因，主要是工作负荷过重、精神压力过大等。这些人根本不懂得“人只能活在今天的方格里”，所以才活得如此哀伤、抑郁。

人们通常会忽视自己所处的年龄段，而认为其他年龄段是最好的。可以说，活在今天者比较少，人们都在忙着为其他年龄段做准备。要么是留恋过去的美好时光，要么是对未来的畅想，独独忘了把握现在、活在今天。

人生中的最好时光是多大年龄？诸多人道出了自己的心声。

一个女孩说：“5岁，因为那时不用学习，可以随心所欲地做游戏。”

一个男孩说：“18岁，因为那时我就可以像个成年人一样独立生活了。”

一个少年说：“28岁，因为那时我已有一定积蓄，可以去周游世界了。”

一位男士说：“40岁，因为那时我可以体会事业有成的乐趣。”

一位女士说:“50岁，因为那时我已经退休了，可以干自己喜欢的事情。”

有一个问题容易被人们所忽略，那就是人的心理是随时在变化而又不知足的。一旦渴望中的年龄段到来，可能立马又不觉得有什么好，又开始惦记上其他年龄段了。所以，无论过去或是未来都变得不重要，安心活在当下才是最好的。珍惜现在，过好今天，才是最明智的。与其奢望明天的幸福，不如享受今天的生活。

没错，只有现在的年龄才是最好的，不必再瞻前顾后了。过好每个今天，露出你的笑脸，让欢乐成为今天的主题歌，让自己活在今天的方格里。

要想有效地克服忧虑，不要烦恼过去，不要忧虑未来，要好好地活在今天的方格里。日子就算再难，既然已度过昨日，就能熬过今天，未来很自然地也就来到了。在此之前，要用方格为今天设限，不让昨天的阴云与明天的潮水侵入进来，就能很好地减祸消灾。对于此点，不妨参考一下轮船的构造。

轮船上的所有船舱，都是在密封的基础上又完全独立、彼此隔绝的，并且防水性很强。之所以这样设计，是因为万一船只在航行途中遭到暴雨袭击，导致个别舱门毁损进水，而其他船舱不至于受到连累。由此启示我们：为了确保人生之旅的平安顺遂，人应活在今天这个独立的“船舱”里，才能活得更加安全及满意。

关上今天的“舱门”，将昨天的晦涩、明天的虚妄都统统挡在门外，不让它们渗透进来。这样才能平安稳妥地驾驭好自己的人生，从而得到无限光明。

珍惜时光，尽享眼前的幸福

人们从年少时开始，心中就怀着对幸福的种种向往，一刻也不停歇地寻找着，渴望得到心目中的那种幸福。

幸福似乎总是在远处，它吸引人日以继夜地追求。追求有时也就意味着忽略，忽略了眼前的种种幸福感觉。这种追求其实是盲目的，与其臆想未来的幸福，不如让眼前的时光不虚度。眼前的一切，往往孕育着一种真真切切的幸福感。

今天的一切事物，皆为幸福！只要懂得品味，生活中的每个瞬间皆有真滋味。

每天能有胃口吃饭就是幸福，每天睡到自然醒就是幸福，每天能呼吸到新鲜空气就是幸福，每天能安然地活着就是幸福。幸福就像一餐饭，混合夹杂着咸甜酸，简单却滋味非凡；幸福是一杯香浓的咖啡，那种先苦后甜的滋味即为幸福感。

他人的句句温情的言语，在心中泛起阵阵涟漪，这是一种幸福感；在他人失意时，你衷心地向他人传递情谊，这会令他人觉得幸福。幸福是阵雨骤起，看到他人在屋檐下避雨。幸福其实随时都存在，只要懂得用心体会及感受！

如果你觉得他人什么都比你好，因此时常失落觉得烦恼，那么不妨想想那些四肢不健全者，再想想自己，或许会立时觉得幸福无比。你到底有多幸福，其实有时是源于你的参照物。幸福有时可以简单到只需一个手势，幸福有时也可以复杂到不用心琢磨就难以察觉。

幸福是在不经意间看到一个久违的画面，驻足而观，内心涌起阵阵暖流，禁不住一次次回首。时光已然走远，记忆依然温暖，禁不住流露情感。

幸福是放下身段，与孩子玩耍在一块儿，与他们纯真嬉戏；也是抽时间听那些老年人谈谈人生大道理，听着他们认真的讲述，对幸福又有了新的感悟。

幸福就是让自己去到田间劳作，手抚绿叶，脚踩泥土，觉得今天没虚度；幸福是到四处去观景，看黄叶漫天飞舞，看情侣在春天里散步。

幸福是闲适的时候，整理自己写过的日记，回忆起昨日的种种情境禁不住一笑，内心静好。

幸福是竞赛获奖时手捧证书的闪闪泪光，是工作喜获成果时满足的脸庞。幸福是身体的行动，也是内心的安定，心安则幸福生。

幸福，源于一颗对外界事物反应灵敏的心，也是心灵深处的一种微妙的感动。幸福往往不取决于条件与物质，它最容易随着心态而转变。幸福就是按照自己的意愿生活，如若违背自己的内心，拥有再多也不会觉得幸福。不迷陷于物质、不贪慕什么虚荣，让心灵自由宁静，就能听到幸福的心声。

幸福是好事多磨，得到幸福往往需要经受一番挫折。幸福是水到渠成，保持自然的心境，也就觉得幸福了。

只有经历过诸多人生的苦，才更能感觉到幸福。幸福来得很快，消失更快，所以要及时把握、及时享用！幸福看似一点点地在消逝，却也是一点点地在积聚。在延续的时光里，幸福一直在继续。从此刻起，要一把抓住这眼前的幸福，不让时光虚度！

年轻时不要怕，年长时不必悔

人在年轻时要敢于闯荡，不要瞻前顾后，前怕狼后怕虎的。到了年长时，回想前半生不要后悔、不要自责，否则就容易扰乱心境、困扰身心，丧失对未来生活的信心，以及对美好明天的追求。

将其进行归纳，就是“年轻时不要怕，年长时不要悔”。这是我们应时刻提醒自己的一句话。

先说“不要怕”。人都会遇到大大小小的困难，对此千万不要害怕！因为你要是怕了的话，困难与阻碍仍旧会存在，结果就是你一定会失败。对于困境要敢于面对，即使失败了也不要怕，积极探索下一次就好了。人生不必计较一时的得失，勇于探索才能获得更加光明的前程。成功者并不见得条件多么优越，他们的成功有时靠的就是大胆前行。

年轻时真的没有什么可怕的，不必畏首畏尾，要放开手脚勇敢地去追求自己理想中的生活，即使一再失败，也可以一次次从头再来。千辛万苦不要怕，只要能坚定信念，终会走出一条属于自己的路。

再说“不要悔”，就是对于前尘往事不必过于悔恨。奋斗多少年后，遗憾与失落肯定会有许多，如果把心浸泡在悔恨之河，身心必然会饱受折磨。这时最需要的是一颗无怨无悔的心。要不断地告诉自己：无论走过的是什么样的路，都是别样的经历与财富。

当走过了人生曲曲折折，尝尽了所有酸甜苦涩后，年老时回头看看走过的路，就会发现自己曾经做过不少错事、走了不少冤枉路，也虚度了很多年华。对此不必耿耿于怀，而要坦然接受。

是的，人生中的每个阶段都是别样的财富，每一天都值得用心过。想有所收获就什么也不要怕地去闯荡，做过了就做了，悔恨与遗憾是不必有的。

多少年后可以转身回头，回顾一下曾经过往的岁月，想想件件桩桩的事情，是为了让自己反省而不是用来后悔的。如果发现自己哪里错了，就应转身朝着对的方向而去，而不是一直停留在原地，悔恨不已。

人要想活得波澜壮阔、有声有色，年轻时不要怕，年长时不要悔。

摆脱昨天的阴影，今天才能活得轻松

在钓鱼过程中，存在这样一种情形：鱼儿因贪吃诱人的饵而吞钩之后，在剧痛的折磨下，会猛烈地挣扎，可是它越用力挣扎，反倒被钩得越紧，根本无法挣脱。

从心理上来说，人都容易本能地悔恨自己犯的错。但偏偏过错是人难以避免的，当时或许也没觉得什么，但是事后想起时，常有悔不当初的感觉。内心的悔恨情绪，会如同鱼钩一样扎入心灵深处，任你再怎么喊痛，也难以摆脱，从而让身心备受折磨。即使有时是颇为平静的，但是每当又遇到新的心理阻碍时，就会不自觉地把内心深处的悔恨鱼钩激活，于是又继续自我折磨，甚至不自觉地制造出新过失。

其实，人只要在做事情就会出现各种过失，悔恨情绪更是经常性的，如果因为悔恨而反省，反倒有利于人生。最可怕的是沉溺于其中，成天影响着今天的心情，甚至因此连未来都葬送，实在是令人心痛。

世事历来无常，倒霉和不幸的事时常发生，既然已经发生了，就不要让其影响心情，切莫将不良情绪郁结心中，否则一枚心灵鱼钩就已埋定。这样只能糟蹋今天，也就没有什么未来可言。

悔恨如同多米诺骨牌，一推倒就容易葬送现在及未来。因此不要总是嗟叹过去，对于大好今天要加倍珍惜。

对待昨天的态度，往往能影响人的未来。智者不会总是将自己浸泡于昨天的悔恨之中，而是会积极地完成今天的重任。一旦这样做，悔恨自然也就消除了，内心清静无碍，明天自会到来。

如今的心理疾病虽是多种多样，其原因也都各不相同，但是究其根本，其实可以归结为“如果”两个字。

“如果我当年选择了她”“如果我当年上了大学”……这样类似的如果，最容易无休止地折磨人的精神。

“如果一切能重来，我一定不会那么懒惰，我会好好干活，再也不与人打架了。”

“如果能从头开始，我一定会珍惜与她的缘分，不会再轻易错失。”

“如果当时我买进那只股票，现在就发大财了……”

此类疾患的治疗方式虽然多种多样，但也可归结为两个字，那就是“下次”。“下次遇到合适的，我绝不会再闪躲”“下次遇到机遇，我会紧紧抓住的”……

人最不该活在“如果”里，因为昨天回不去，只有今天能抓在手里。所以，直面人生，不说“如果”，只要结果。

是的，只要想重新进行选择，机会历来不缺。如果不经意发现自己已然错了，不必悔恨于此，而应做好充分的准备让下一次不再错失。只要你能消除悔恨情绪，就能摆脱心灵鱼钩，在今天找到一条属于自己的新的路，明天很自然地就被开辟出来了。

与其相信明天的命运，不如相信今天的因果

近几年有种说法，“寒门再难出贵子”。这是句有点偏激而又充满宿命意味的话，不过倒也契合现实。实际情况就是，诸如财富等资源可以一代代地往下传，父母辈如果资源良好，其子女就可以过得轻松。

如果父母都没啥资源，甚至长年在外打工，其子女就会多吃许多苦头，甚至多走许多弯路。有太多这样的孩子，早早就被父母扔下不管了，早早也就辍学了，又走上打工的老路，灰头土脸地挣扎在城市的边缘，几乎看不到任何希望，除非是自己下定决心改变，否则命运将会一如既往地延续下去。

人生在世，与其相信命运由天注定，不如相信它是由自己创造的，不同的作为，能造就不同的人生。如果相信命运由天，老天早已安排好一切，那人岂不是就得乖乖地束手就擒？如此也就不必再有那么多奋斗的行为了。这显然是荒唐的。只有今天积极行动，栽下今天的树，才能收获明天的果，扭转未来的命运。如果以后想要有所得，今天就应该为此付出准备。只要肯付出，就算最终没实现目标，也一定会有好的收获。

耕耘的过程长久而艰辛，让人禁不住会焦虑不已，质疑自己的作为。其实人的许多行为往往就是这样，最初看不出有什么作用，直到多少年后，才显示出它的意义来。就拿苹果手机的创始人乔布斯来说，他年轻时学的是字体设计，工作后

好像也没派上什么用场，直到最后把这种技能应用在苹果手机上，才显示出其价值。其实他学字体设计时，就种下了一种“因”，而直到多少年后，才得到一种好的结果，这就是一种正向的因果关系的体现。人的现在与未来，其实就是种因得果的关系，如果没有曾经的不断付出，就很难有后来的脱颖而出。

人每一天的言行举止，其实都是在为未来种因，每个因都有相应的果在后面，善因得善果，恶因得恶果，好行为才能带来好结果，坏行为会招来灾祸。所以人一定要三思而后行，切不可盲行蠢动，以免造成日后的后悔不迭。

英国媒体曾经刊登过一张查尔斯王子与一邋遢男子的合影。其由来是，查尔斯深入民间体察民情时，偶遇穷人克鲁伯·哈鲁，他走过来说：“殿下，您认识我吗？我们曾是同学啊！”见查尔斯一脸疑惑，他解释说：“我们当年是小学同学，当时还曾相互取笑过呢。”

克鲁伯其实也大有来头，他出身于富豪之家，一路上的是名校。再后来，他的婚姻两度失败，写作方面也难以突破，克鲁伯就开始心灰意冷，放纵、酗酒，直到最后流落街头。你看，使克鲁伯一败涂地的是不得志的命运吗？不是，罪魁祸首是他的选择。从他放弃正道的那一刻起，就注定了后面的“恶果”。

人生永远没有如果，对于已经过去的事再怎么悔恨也晚了。如果不想日后流下悔恨的泪水，那就紧抓今天的每一刻。耕耘今天，收获明天，才是最明智的选择，也是种善因得善果。

第六章

得失面前有定力，才能活得有底气

失与得，是密切相关的，往往是得中有失、失中有得。因此不要在得失之间纠结，面对各种利益选择，要学会果断做抉择。该放弃时就放弃，该摆脱时就摆脱，这样内心会更轻松。懂得放下才能走得更远，发展之路也会更广阔。

鱼和熊掌不能兼得，需要做出明智抉择

假如让你在得与失之间做出选择，你可能会毫不犹豫地选择前者。这是在情理之中的，人总是需要得到许多才能生存下去。

然而世人往往都太贪心、太盲目了，为了眼前的一点得利，而失掉长远的利益；为了贪一时之得，最终反而失掉更多。真可谓“捡了芝麻，丢了西瓜”，及至醒悟过来时，一切都已经太迟了。

在许多时候，在得与失之间，我们都应好好权衡一番，进而做出正确的抉择。每个人都希望所有好处兼得，但是我们所面对的，往往却是鱼和熊掌之间的艰难抉择。鱼和熊掌全都得到，这是最理想的结局，但却往往是不可能的；在鱼与熊掌之中选一个，这是最现实的问题，需要明智决断。当最好的“得兼”已注定不可能时，理智取舍是最明智的选择。

曾经非常流行这样一道测试题：把一个西瓜切成大小不等的三块，如果每块西瓜代表一定的利益，那么你会如何选择呢?

“当然选择最大的那块！”在贪欲的驱使下，许多人会毫不犹豫地回答。可是智者却会选最小的那块，因为这样容易较快速地吃完，之后再拿起剩下的那块。

其实，那块最小的和后来拿的那一块加起来要比最大的那

一块分量大一些，只有明眼人才能看得出来，进而做出明智的选择，获得更多的利益。

可见，要想收获更多就要懂得深谋远虑，从整体上对局势进行分析，为了获得长远的大利益，不惜舍弃眼前的小利益。在面临取舍的关键时刻，人往往容易手足无措，最容易只见树木不见森林。但智者不会被表面上的得所迷惑，懂得从整体、长远来看问题，因而总能赢得大利。

有人说，比尔·盖茨即使看见地上有一张百元大钞，也不会弯腰捡起，因为捡起这张钞票的时间会让他损失上百万。盖茨是懂得取舍的智者，他明白，放弃眼前的小利，他将得到更多。

人生就是这样，时常会面对两难选择。在日常生活中，要懂得取舍，在人生的紧要关头，更要敢于“舍车保帅”。舍弃不意味着满盘皆输、一无所获，而是一种智慧选择。在许多个人生十字路口，当你茫茫然不知该往哪里走时，要权衡利弊、冷静分析，才能做出明智的选择。

现在假设有三份工作摆在你的面前，这三家公司的性质和规模皆不相同，工资待遇也不一样，每一家都有各自的优势，那么你会怎样选呢？你会选择自己喜欢的？有发展前景的？还是工资待遇好的？对此问题需要深思熟虑，理性做决定。

首先经过仔细考虑，把这三份工作的诸多优缺点分别写在一张纸上，然后把它们同自己的职业目标对照一下，淘汰其中的一个应该较容易。

之后再把剩下的两份工作从发展前景、薪水高低等方面进行横向打分，把分值较低的一项画去，这样自然就做出了明智的选择。

面对各种艰难选择，要尽可能全面地了解自己的现状，了解得越透彻，做出的决定越有把握。另外，还要学会收集有用的信息，以它们为依据认真分析事情的利弊，最终才能做出明智的选择。

善于取弃，反而会获得更多，发展之路也会更广阔。

放下心中的纠结，轻松做选择

人生中的每时每刻，往往都需要我们做出选择。要还是不要？去还是不去？说还是不说？买还是不买？每一个人，面对各种选择问题，都要这样犹犹豫豫地质问自己，无可奈何地喃喃自语。

人生其实就是在做一连串的选择题。正确的选择可以使人步步为营地前行，错误的选择则可能葬送人的前程、毁掉人生。因此，选择不能不慎重。无论怎样选择，失去都是必然的，这势必会加重人的心理负担，甚至让人无比厌烦。

我以前是这样的，对事情总是不能做出果断的决定，时常纠结于其中的微小得失，为此烦恼不已，甚至寝食难安，整个人状态都很不好。有时，即使是经过一番纠结总算做出了决定，但在此之后，却似乎又感到一种新的纠结，无力摆脱，长期如此让身心备感焦虑。

纠结是自己内心的产物，纠结就因为怕失去。得与失，好似一对无法协调的矛盾。现实中，人不得不在这两个字之间纠结、徘徊。要想让身心不至于因此受损，就应果断放下心里的纠结。

人生有得必有失，有所失也必有所得，正所谓“失之东隅，收之桑榆”。尽管失去会给人带来心理疼痛，但更多的时候，种种失去反倒让人得到了更多。所以，不如想开些，把得失看淡一些。

在做某个关系到切身利益的决定时，如果顾虑太多，不时纠结，就要先弄清自己的内心到底想要什么。要放下那些不必要的担心顾虑，放宽心，让自己轻轻松松地做出正确的决定。

当有人问一位企业老总，当年他怎么有勇气放弃在机关单位的优越工作，独自一人去创业时，他用一连串的设问做出了回答：“我在开始创业之前，这样问自己，如果你开始创业，那么可能发生的最坏的情况是什么？答案是我可能失败，可能破产。那么如果我破产了，可能发生的最坏的事情又是什么呢？为了还债，我将会做任何能找得到的工作。那么这样可能发生的最坏的结果又是什么呢？我又会厌恶这种工作，因为我不喜欢受雇于人。于是，我会另寻一条路开始我的创业。然后呢？

第二次我极可能会获得成功，因为我知道如何避免失败了。”

要想快速而有效地做决定，需要把眼光放远。做任何一个决定之前，都要懂得往远处看，甚至看到终点。不要徘徊在开始做的那个点上，要站在目标结果的那一边，如果你清晰地看到自己想要的，就不会再犹豫不决、左右为难。其实，生活并不需要太多无谓的纠结，学会放下种种顾虑，选择会变得容易，快乐也好寻找了。可以说，人生最明智的选择就是放下。

“放下”虽然说起来容易，真正做到却很难。人往往会受到各种各样的选择的诱惑。此种情形下，总是会本能地渴望得到与占有，一点儿也不想舍弃，这其实并非明智之举。有得就有失，谁也不可能什么好处全占，不放弃只能使情况变得更糟、结果变得更坏。无论是生活购物、职业选择、商务决策等，如果一直纠结不已，那么稍纵即逝的机遇就会与我们失之交臂，末了只能徒然伤感、叹息扼腕。

面对各种利益选择，要学会用放下的心态去果断地做决定。这样你就轻松了，会有如释重负的感觉。懂得放下才能收获更多、走得更远。

面对诱惑要警醒，好处可能是陷阱

好处可会从天而降？如同P2P一样，已知只是一场骗局而已，至今想来仍让人心悸。

“一开始从中赚着高额利润，着实是过瘾，还以为是天降馅饼呢，末了才知竟然是个大陷阱……”这番悔悟道出了许多人心中的隐痛，不过再怎么痛悔都已晚了，唯一来得及的，是从中吸取教训、经验，从此不再盲目贪图所谓的“好处”。

生活中，“好处”会以各种各样的形式出现，如金钱、利益、职位等，如若禁不住诱惑，就容易给人带来不幸与罪恶。唯有认清其危害，并且离之足够远，才能让自己更加安全。

人切不可放纵贪欲，需要随时懂得克制及放手。如若管不住自己，一味索求、占有，就会带来无边烦恼，痛苦难消，为此把命搭进去也是可能的。

对于种种金钱引诱、甜蜜允诺，非常让人难以抗拒。然而，你或许意想不到，在这种种温柔、良善的背后，或许有着歹毒的恶意，隐藏着天大的阴谋。如若对此认识不清，上当受骗就在所难免。

人性中的贪欲，是致使自己上当受骗的根源。人一旦动了贪念，想得到他人的种种好处，就容易落入早已布置好的陷阱中。

陷阱通常都是经过巧妙伪装，令人防不胜防。例如人通常都难以识别善意背后的谎言、甜蜜背后的歹毒、各种赠送背后的诈骗等，一不小心就容易上当。对此最好的应对方式是，视而不见，绝对不贪！

面对眼前莫名其妙的“好处”，一定要睁大眼睛看个清楚，心中要多一点怀疑，这里面隐藏着什么目的？

当各种“好处”从天而降时，切莫伸手去接，而应慧眼识别。纵使陷阱千变万化，岿然不动它就拿你没办法！

其实太多的时候，人并不是不知道“好处”背后会有阴谋，只是抗争不过内心的贪欲，总怀着“这次没事儿”的侥幸心理，可终归有一次把自己陷了进去，害惨了自己。

好处可能是陷阱，切莫轻易触碰。不妨时常这样提醒自己，以此抵制贪欲、修炼自己。

吃亏不是损失，而是一种心理投资

北大校长林建华在一次北京大学毕业典礼致辞中，提到对自己影响最深的一句话“吃亏就是占便宜”，立时点醒了无数听众，一时间引得众人纷纷点赞。

这句话的意思是说“吃亏是福”，吃亏有许多好处。它是一种福祸相依的辩证法，是一种极具内涵的人生哲学。把它作为人生信条，可以避免陷入利益纷争，使自己保持内心的安宁。

林建华曾在一个农场工作过。有一天，他得知自己被推荐为大学生候选人，一旦被选中，就可以到某师范学院读书。当时的他可以说是信心十足，但最后他却落选了。他深感不平，跑去找农场领导据理力争，但终究还是没能挽回局面。他当时心情低落，非常难过，很长时间才恢复过来。

此后，林建华调整好心态面对现实，积极进取。结果，第二年就恢复了高考，他幸运地考入了北京大学。

吃亏，历来不被人认为是什么好事，但吃亏之后的结果，却未必是坏的。吃亏能启迪人的心智，让人变得更加成熟和睿智，并因此有所成就。

的确如此，自己愿意吃点亏，往往能把麻烦的问题解决好，把难堪的矛盾化解掉。甘心吃亏是一种对眼前事物的豁达，也是一种对于未来的长远铺垫。以“吃亏是福”为信条，可以使人心胸开阔，做事更加从容不迫，而且当自己身处困境时，也会有更多人愿意真心相助。

中国香港富豪李嘉诚这样说过：“一件看起来好像是吃亏的事，往往会变得非常有利。”他经常向人谈起他当年做生意时的一段经历，说明做事情不要怕吃亏，一时吃亏，长远来看却往往有利。

在李嘉诚刚开始创业不久，有一家公司曾向他订购一批发往国外的玩具。当这批玩具发货后，对方却说因为经济原因这货他们不要了，但他们会照约赔偿损失。李嘉诚认为这批玩具可以再卖给其他人，因此他没让对方赔偿。

后来，李嘉诚开始做塑料花生意，也就渐渐将这件事忘了。一天，一位美国商人找上门来，说经某人推荐，决定跟李嘉诚合作。原来介绍人就是当年那家公司的主管，他极力推荐李嘉诚，最终促使这位美国商人成了李嘉诚永久的大客户，使李嘉诚的塑料花生意得到了长远的发展。

懂得“吃亏”内涵的人，不会计较眼下的些许损失，而是会把眼光放长远。虽然他们的做法在别人看来也许是犯傻，是吃大亏。但是其实吃亏并非是损失，而是对未来发展的一种长远投资。虽然自己吃了点亏，但会因此获取别人的好感、赢得好人缘，以后将会有更多的人乐意帮自己。肯主动吃亏的人会为自己减少很多前行阻力，使自己的路越走越宽。

在与人合作时，我们需要有愿意吃亏的精神。也许，短期内看来你是吃亏了，但你最终却能够收获更多。如果什么事情都不肯吃亏，总爱斤斤计较，那就可能会因为自己的小气而丧失许多机会。唯有不计较吃亏的人，才会真正有福。吃亏，虽然意味着舍弃与牺牲，但也不失为一种品质、一种胸怀。如果能做到不计较吃亏，甚至主动吃亏，就能拓宽以后的发展道路。

假如你刚到一家单位，即使从事的是一些扫地、打水这样的工作，也应该认认真真地将其做好。同事遇到困难时，要主动帮助对方，即使吃点亏也无妨，这样，他们才会与你为善，愿意向你传授工作经验。这些其实都是在为自己积蓄成功的资本。无论处于弱势或是强势，主动吃一些亏都是非常必要的。如果不想吃亏、不甘心吃亏，就可能什么都得不到。

甘于吃亏，这是一种主动的选择，更是一种做人的智慧，我们有必要学会。吃亏是福，幸福之门将会在不断的吃亏中得到开启。

名利可有可无，不必过度追逐

当今时代，名利之风盛行，人人几乎都难以逃脱名利的旋涡。人都会本能地怀有对名利的欲望，一个职务、一种头衔，意味着某种成就和地位，能极大地满足人的心理及现实需要，因此竞相追逐也就很自然了。对于名利可以适当追求，但不可过度迷恋。在名利问题上，要拿得起放得下，切莫被其所困所扰。

名利等皆无关生命本质，不过是外在的东西，千万别被其销蚀异化，要适时跳出圈外，不在你争我夺中悲从中来。如若争抢过度，人就会变成名利的囚徒，这样的人生毫无乐趣可言，还会引来无穷无尽的灾难。

老子有句令人感受颇深的话："夫唯不争，故天下莫能与之争。"意思是说，唯有以不争的态度为人处世，天下才没人能与他相抗衡。此话可谓带着淡泊意味的智慧之言，可惜数千年来，能领悟其深意者少之又少。在名利面前，你争我夺往往难免，最终的结果属实可怜，甚至会命赴黄泉。

既然争名夺利会让人的下场如此之惨，那么我们为什么不将其看淡一点儿，将其视为过眼烟云？

庄子的《逍遥游》中有这样一则典故：尧想把天下让给许由，说："日月已然出来了，烛火还有什么理由不熄灭？先生如日月，坐上这个位置天下便会得光明，而我这烛火现在还占着此位，心里觉得实在羞愧，我定然要把天下让给你。"

许由说："天下已被你治理得颇为安定了，如果要我代替你的位置，是为了出名还是为了得高位呢？鸟兽栖于森林，所需不过方寸，饮食也只需果腹而已，你说我要天下做什么呢？"

是啊，天地之间何其辽阔，而人的需要是少之又少的，那么又何必有那么旺盛的欲望呢？不如祛除多余的欲望，将自己投放于茫茫天地间，以求得心性的自由和洒脱。

对名利之欲，常如猛兽难驾驭，如洪水决堤，于是便产生了太多的悲剧。因此人必须有一种懂得放下的清醒，懂得放下，才能收获更多。

爱因斯坦因故流亡在异国时，曾被以色列邀请回国当总统，对此爱因斯坦没有同意。他拒绝的理由为，自己对政治没有兴趣，感兴趣的唯有科学研究，它才真正适合自己。于是在一片惋惜声中，他果断投身于科研，真可谓是大智大勇之举。

在名与利、得与失的问题上，要保持内心的淡定。迷恋名利，便容易失掉淡定生活的根基，而将其看淡，就能使自己的心境安宁、平和，不会茫茫然而不知所措。视名利如云烟，反倒能使心灵更加充实、自由。淡泊名利，保持知足的心态，让自己静下心来，就能体会人间的幸福。

给予，能拉近两颗心之间的距离

某个火车站，一个小男孩低头盯着自己脚上的那双破烂鞋子，只见其中的一只鞋已经挂不住脚了，无法再往前走，他不得不找个台阶坐下来，用双手摆弄着那只鞋，试图把它修好，可是末了却无济于事。他无奈地扔掉了那只烂鞋，光着脚继续往前走，一副愁苦的表情。

此时，一个穿着讲究的男士领着一个小男孩从他面前匆匆而过，对方那双簇新的黑皮鞋一眼就被光脚的小男孩看到了，他的视线随着那个男孩用纸巾擦皮鞋的手来回移动，双目流露出一种渴望之情。

火车刚一到站，听到铃声的人们就争先恐后地一窝蜂往上蹿，往前快跑的那个男孩被后面的人踩掉了一只皮鞋，竟还浑然不觉。那个光着脚的男孩飞快地跑过去拾起了它，贪婪地盯着鞋看了几眼，之后他跑着想把鞋送过去，可是现实并不给力，他好几次想把鞋掷给倚在缓缓开动的火车门上的男孩，但是都失败了。在火车即将加速的一霎那，只见车上的男孩毫不犹豫地脱下另一只黑皮鞋，朝着他的方向扔了过来。

他俯身拾起地上的皮鞋，一脸兴奋地冲车上的男孩挥手致意，而那个男孩也在笑着向他挥手、点头，他们就此告别！

这感人的一幕，恰好被车站内的一个年轻摄影师抓拍进了镜头，后来他将其制作成为一部微电影，取名为《放手，是最好的成全》。没想到这部仅仅只有几分钟的默片，播出后竟大受欢迎，它拨动了无数人的心弦，在感动人的同时也让人深受启迪。

它深刻的寓意在于：人即使再贫穷，道德底线也应当坚守；人即使再富有，也不应丧失关爱他人的同情之心！

人即使一无所有，对于不属于自己的东西也不要贪求；而对于他人急需的东西，如果自己有就应尽量给予。其实每个人都有一些东西是可以无私奉献的，只要能跨过得失那道坎儿，也就能够得到心安。这样使他人受益的同时，快乐也会进驻自己的内心。给予所带给人的喜悦，是令人畅快而又无价的。

得失总是密切相关的，得到的同时会有失去，失去又意味着别样的获取。所以该舍弃时就要果断地舍弃，自己的缺失能造就他人的惊喜，这样的“失”就具有意义。面对人生中的各种失去，不必纠结抑郁，试着换个心态对待，心情就会好起来。

失去不一定是损失，也许反倒会得到更多；失去也不一定是残缺，能成全他人就是别样的圆满。在舍去与得到之间，存在一根沟通心灵的线，是它一直在为世界增添缕缕温暖。

舍得付出，才能得到心灵的富足

人的能量的大小，其实是源于人的内心。唯有心灵富足，才能发挥出能量助益自己，才能拥有爱他人的能力。

人要想更加充实快乐，就应乐于为他人奉献。乐于奉献只是一种寻常的习惯，只要愿意，谁都可以。不要觉得自己一无所有，没有什么东西可以给予他人，即使财力、物力、技艺等你全没有，但你总有一双手，一个微笑总归有，一句祝福更是可以随时说出口。如果肯这样去做，在帮助他人的同时，也能使自己的内心充满快乐。

“慈善女神”特蕾莎修女一直深受世人敬仰，她曾获得过诺贝尔和平奖。她虽然身材瘦小，在物质上一无所有，但她却拥有一颗伟大的爱心。她曾救助过难以计数的形形色色的人，诸如病人、穷人、孤儿等；她曾无数次置身于污秽场所、贫民区，完全不顾自身安危，更是从来没有企图过任何回报。

特蕾莎修女的一个引人注目的特点，是她竟然没有穿鞋，人们在惊叹于此点的同时，会觉得有些羞愧，觉得自己非常渺小。每当人们当面称赞她伟大时，她却连连摆手说：“我们都不伟大，但我们都可以用伟大的爱去做好每一件小事。”

特蕾莎修女爱心广博、境界高远，是我们远远不及的，但是让自己拥有一颗爱心却是人人都可以的。爱心是一种别样的财富。爱心能净化人的内心，使人变得有责任感，从而真正成熟起来。所以面对这个人情味有些淡薄的世界，需要我们每个人都拿出一点儿爱心来。

在漫长的人生之旅中，你如果觉得空虚无聊，不如尽力去为他人做点什么事情，这容易让自己觉得充实，让快乐进驻内

成长急不得，经历过才会真懂得

你要走过万水千山，才会觉得还是家乡最让你惦念；你要穿过很多高级面料，才会觉得还是纯棉的最好；你要和许多人打过交道，才知道谁是真心对你好；你要尝过人间百般滋味，才能悟出人生真味。

年轻时或许都不喜欢听人讲经验，宁愿自己去体验。疼痛也好，跌倒也罢，都是必经的成长之道，人生该尝的该经历的，自己都要亲身体会一回才好。

有人认为人生不必经历太多，这意味着人生多风波。可我觉得，唯有让自己多经历才能多收获。人生之旅，无从逃避，谁也不可能代替你去走路，所以要让自己勇敢地起步。遭遇挫折时，他人的安慰也只能满足一时，要想让内心变强就要学会自我疗伤，修养好内心后，鼓励自己继续走下去。

不要害怕经历，有些事情经历过之后你会发觉其实并没有那么难，甚至只需抬抬手脚就过去了。遭遇种种坎坷不幸时，静心找一找，耐心等一等，或许人生就会大不同。

在各种各样的行走历程中，你会看尽人间百态，体会到酸甜苦辣的滋味，从而使眼界变得开阔，内心变得丰富起来。这样的人生历练，会使你对人生意义的理解更加直观。

人生之价值几何，唯有亲历者才能真正懂得。经历过辛酸苦涩，也就懂得什么是幸福了。正是因为经历得足够多，才让自己蜕变为更好的人。

物质可以适当追求，但迷陷其中难自由；钱财多少都没关系，过得舒心就可以；居所不必豪奢，自己觉得温馨就好；车子可有可无，平安健康就是福；工作不分高低，干得有意思也就有价值。

经过许多才明白，原来欲望越少越轻松。试着把欲望删减，快乐反倒会多点儿。缘分莫强求，缘尽需放手；甩开过去的，才会加倍珍惜现在拥有的。

正是曾经经历的各种事情，才能让人更好地了解及认识人生。因此不要总是对他人的生活旁观、生羡，而要走出圈外，亲自去经历一些事情，才能真正拥有自己的人生。

无论曾经经历过什么，多少荣辱成败也好，都终将会湮没于时间之河。当你站在又一个起点上时，人生的一切又是崭新的。只有亲自经历过，已然懂得，才是真的成长了。

多点耐心，会与成功更接近

生活不可能总是尽如人意，难免会遇到种种问题，此时如果难以解决问题，耐心等待就是必然。

目标易有却不易实现，让在艰难中跋涉的我们疲倦不堪，此时如果放弃，就等于前功尽弃。而只要多点耐心坚持下去，眼前就可能呈现出一片坦途。

诸多民歌歌手之所以能登上春晚、大获成功，就是源于发自内心的坚持。他们从小就爱唱山歌，唱得一直不错，但由于没受过专业训练，难有什么大的发展。其中的许多人曾多次参加门槛颇高的各种歌手大奖赛，却总是被残酷淘汰。面对如此不堪的局面，他们却从来没有想过放弃，而是顽强地坚持着、努力着。

机会终于来了。中央电视台开设的《星光大道》栏目，没有任何苛刻的条件及门槛，而且是听众当评委，于是他们一个个来到这里，一开唱，就赢得了听众的阵阵掌声。人们这才发现他们的嗓音或高亢嘹亮，或低沉浑厚，浑然天成，让人震惊。他们连连胜出，最后成为年度总冠军。在多次惨败之后，他们如果灰心丧气，放弃努力，不再执着地坚持，就不可能有后来的成功。

成功是一个过程，并且漫长而曲折，要想走完它，需要顽强而执着的坚持不懈。当你选定了人生中的理想目标后，不可能一蹴而就，还需要不断为之付出心力，甚至还需要长时间的等待。不经过一番艰难曲折，往往很难有什么收获。对此许多人不明白，总是碰到一点困难就退缩了，其实再坚持一下，漫长黑夜后不正是黎明吗？人如果战胜不了时间与挫折，要想有所成就是不可能的。面对曲折多艰的人生，要么用非凡的耐心去迎接成功，要么以浅尝辄止去面对失败。是否具有耐心，往往能决定成败。有耐心的人，能赢得精彩的未来。

永不放弃、越挫越勇的精神是获取成功的动力源。做事缺乏耐心，正是很多人最终失败的根源，即使这些人颇有才学、能力也是枉然。天分固然能加速人的成功，但它也起不了决定作用。实际上，所谓的天才，并非与生俱来，而是经过后天训练而来。天才也必须耗费心力进行无休止的学习，天才也会时不时地遭受失败，毫无例外。

世界喜剧界大师级人物约翰·克莱斯，是英国著名的高产作家，他花了五六十年时间写小说，一生共出版了近600部小说。著作等身，国际知名，你可能会认为他是百战百胜的天才型作家，那么你错了，他付出了怎样的努力我们不得而知，但却都知道他曾经被退稿高达750多次。请问问自己，如果是你的话能承受得住多少次的打击呢？

有耐心的人，没有克服不了的困难。做事情其实就是周而复始不断重复的过程，没有耐心绝对不行。凡事只要肯耐心去做，是一定能够做出成效来的。

因此，平时要有耐心地磨炼自己，在强大内心的同时也增强技艺，以等某日的一跃而起。

忍耐不是低头认输，而是埋头铺路

人只要还活着，遭遇不公对待就是难免的。例如，费心劳神地完成某项工作，主管却不满意，还挑三拣四地指责，此时让人忍不住就想发火。

某次单位选拔人才，你觉得非你莫属，众人也都看好你，可末了提升的却是能力不如你的人，这真的让人气愤，禁不住就想大吵大闹，之后甩手不干了！

可是任你再怎么吵闹、动手，往往也都无济于事，反倒会使局面更糟糕，此时应当让自己冷静下来，从长计议。

面对各种不利处境，不要盲目冲动，而要适时忍耐。如若不管不顾地乱发脾气，不但解决不了问题，还容易将自己置于难堪境地。

有时忍一时之气，是不得已而为之，这时的忍耐似乎显得有些软弱、窝囊，实际上，忍耐并不是低头认输，而是后撤一步，理智地为未来的发展积蓄实力。

忍耐下来，才能冷静分析各种不利情形，想清楚自己今后到底应当怎么做。忍耐有助于建立良好的人际关系，还能使自己避灾免祸，于悄然不觉间达成目标。忍耐是成熟者的做法，也是一种有心机的表现。忍耐或许会使人一时难受，但从长远来看却是极其有利的。

假如你毕业后刚参加工作，也许还没干上几天，就会被主管训斥："别干啦！你这干的叫活吗！"此时应当怎么做呢？甩给对方几句硬话，然后收拾东西走人吗？这倒是也够痛快的，只是未免有点儿"犯傻"了。如果你能考虑得更长远的话，就不妨低低头、说说软话。例如你可以不卑不亢地说："我刚来没经验，请您指导一下！""我有时间会向其他同事学经验。"这样退一步说话，不但能"灭火消气"，还可能会真的学到许多东西。

人生中历来问题困难多，如果一遇到它们就着急上火、摩拳擦掌的，一点儿也不能够忍耐，就容易功败垂成，把局面搞砸。如果能够忍耐下来，暗地里多下点功夫，看看专业书，在忍耐中苦练技术，就有可能扭转局面，赢得他人的刮目相看。

人在追求生存发展的过程中，没有忍耐力绝对不行。有些问题根本不是一时能解决的，非得在忍耐中寻求突破点不可，如果不能或不懂得忍耐，人生就容易一片苍白。

人生其实就是一种经过，不到时间无法收获。在人生之果尚还青涩未成熟时，你再怎么着急都无济于事，此时只能在忍耐中静待。

在忍耐中暗暗学习知识、技能、追求成功，这样培养出的技能才是最扎实的，迈出的足迹才是最坚实的。痛快地发泄也许只能痛快一时，在忍耐中获得的利益却是长远的，究竟应当怎样取舍，完全在于个人的选择。

但在忍耐的同时，有一个非常现实的问题不得不考虑，那就是谁都不可能永远忍耐下去，所以需要把握好“伸”的时机。条件不利时，要懂得收敛自己、增长实力，时机到了，就要及时表现自己，才是最有力的反击。

等待、磨炼、煎熬，这些都是成功的需要。人生有时必须得在咬牙忍耐中一步步地向前，才可能走得无穷远。

人生当自强，不靠颜值靠坚持

说起自强自立，让人不禁想起中国香港的一位“搬运女”。她在去年的一天，突然被各大媒体传播开来。她长得很漂亮，颇有几分偶像颜值，却干着与之不相称的体力活。经过长久的磨炼，她力气充足，干活非常麻利，脸上还时常挂着笑容。得知她的事情后，有许多人纷纷为她点赞，并将其称为“最美搬运工”。

她长相虽靓丽，装扮却很朴素，经常是一件背心、一条短裤，干起活来非常踏实，竟将装卸货物这种繁重的体力活一连干了8年。

这未免让人心生疑惑，她这究竟是怎么了？是在发神经，还是想借此炒作？她这么年轻，长得也不错，为什么非要从事这种工作？经过一番搜索，就弄清事情的原委了。原来她也曾经有个有钱的老爸，只是后来做生意失败了，导致她高中一毕业后就得寻找工作。她先后做过服务员、清洁工、文员等，但她觉得其中的“是非”太多，令她无法忍受，于是经过考虑，她宁愿选择搬运工这个虽然劳累但是却没有什么是非的工作。面对他人的议论纷纷，她没有到处辩解，而是默默地干活，忍受着身体上的折磨，无声地抗议及证明着。沉重的货物曾使她负伤无数，但她从不肯服输，在咬牙坚持中，用一双手撑起自己明天。

如今这个时代，活着不靠颜值靠坚持，仿佛显得有点儿固执，但她偏偏要苦苦撑持，一时间感动了许多人。面对媒体的采访，她一直在强调一句话：“出力、流汗、受伤我都不怕，无论如何我都不能倒下，我得撑起这个家。”她这番话感人肺腑、入人耳目，其中不乏倔强，也更是一种自强。

人生要义之一，就是自强自立。如若生活不堪，不要因此为难，也不必东依西攀，要从内心树立起自救的决心，把拯救自己的希望寄托在自己身上。依靠自己的辛勤付出，就能开辟出未来发展的路。

即使你条件很差，一无所有，力气总归是有的，此时即使干不了什么好工作，也可以凭借力气养活自己。不惜力气，就能锻炼能力，不断垫高自己的起点。

无论做什么事情，都要有能吃苦的精神，经过吃苦得来的成功才踏实，一味贪图轻省不可取，也绝对得不到什么真正的成功。

人生从来没有什么捷径，得到得过于轻易，迟早会出问题。人生之中歧路多，其中的一个就是妄想不劳而获，这不是福而是祸，懂得规避才能躲得过。

年轻时一定要有意识地让自己吃点苦，品尝到人世艰辛，如此可以使自己更加透彻地认识生活，也能很好地磨炼心智，为更好地赢得机遇做准备。

一无所有时不必抱怨连连，更不必举步不前，只要肯自强，就会有无穷力量。只要你肯为自己拼搏，就可能赢得美好未来。

遭遇困境，是为了获取更大的成功

对于生活，人们最初都是热情以待的，不吝辛劳地付出着，心怀各种希望与期待，可最终往往还是会失败。失败原本是人生常态，人生又何曾一帆风顺过，总是起起落落、历尽折磨，最终才柳暗花明的。

生活的诡异之处在于，它时好时歹，翻脸很快，转眼之间就能使人生命运两重天，而它却总是冷眼旁观。如若想要改变人生命运，就得千方百计挣脱困境。困境面前，不要退避闪躲，更不要自暴自弃，要学会勇敢地与之搏斗，要积极自救不自弃。

我小时候在农村住过，那时经常看见大人洗红薯，如今回想起来，觉得其中自有一番做人的道理。那时人们会把许多红薯一股脑儿地倒入一个大缸里，然后用双手握住一根木棍，转着圈儿不停地在缸里搅动，只见这些红薯一会儿上浮、一会儿下沉，它们一个个时而露头、时而藏起来，非常好玩儿，就像在与人捉迷藏一样。

这个洗红薯的过程，在某种意义上与人生比较类似。总是时而好运、时而歹运地来回交替着，在不停的起起浮浮中，造就着人生。

人生中困境与危机遍布，但不必因此止步，有时危机即为转机，困境是为强大自己而准备的。有一只小鹰从小就被遗弃在山林里，被好心人捡回去放在鸡群里养着。长大后的它行为怯懦，一直认为自己是只不会飞的鸡。可是有一天它在外出打食途中，一不留神竟然失足坠下悬崖，它急速坠落着，就在命悬一线的时刻，它本能地忽闪了几下翅膀，竟然猛地高飞了起来。鹰一旦身处绝境，就被激活天性，从而以自救重获新生。

人生有时就是需要一些能激发潜能的困境。顺境固然能使人过得舒服、安逸，然而也容易吞食人与生俱来的热情与活力。而遭遇一些困境，虽然会带给人肉体上的疼痛，但也并不是一无是处，它可以磨炼人的意志、强大内心、激发潜能，促使人取得意想不到的成功。

取得成功所需要的种种能力，往往需要从困境中获取。困境中的种种痛苦挣扎，恰恰能够激活自己，使自己不再贪图安逸，凡事都能竭尽全力，从而一次次赢得更大的胜利。

一次次与困境做斗争的人，会拥有更强大的内心，也会变得更坚韧。有句话可谓意味深长："高山之巅无美木，伤于多阳也。"是的，山峰的最高处往往没有美木，就如同过于安逸的环境造就不出人才，唯有经历过困境的磨炼，才能拥有日后的灿烂。所以，困境不是破坏而是特别的恩典。

困境既可以是阻碍人前行的石头，也可以成为获取成功的垫脚石，站在它的上面，能让人看得更远、前行得更快。只要能够正视并战胜困境，结果就是获得成功。

切断心理退路，才能更好地赢得出路

人的一种心理本能，就是容易习惯性地为自己预留后路，以便作为受阻后撤退的退路。实际上这样做是有害无益的。

为自己预留退路，就是在为逃避懈怠寻找借口。做事过程中，人一旦知道自己有退路，就不容易倾尽全力，信心也受到动摇，距离失败也就更近一步。

只有果断地斩断自己的退路，才能从心理上没有依附，从而不再瞻前顾后。当人清楚地知道自己无路可退时，就会调动全身潜能向前冲，这样才有可能获胜。

遇事不必踌躇不前，与其向后退，不如向前看。即使前面有一堵高墙难攀越，也不要懦弱地后撤，而应想方设法翻越过去！只要肯想，办法总是有的，不如干脆逼自己一下，先把衣服或帽子扔到墙外面去，而后你别无选择，就不得不拼尽全力翻越。这就叫作切断自己的退路，逼迫自己彻底打消退意，去发挥潜力赢得最终的胜利。

无论是作战或是做事情，都需要切断退路、勇往直前，才可能克敌制胜、起死回生。如果心思不定，有点风吹草动就撤退，那么取得成功根本不可能。

面对各种阻碍，不要畏缩不前，要将任何退路从心理上坚决斩断，从而促使自己全力以赴向前冲，这样才可能突破困境、扭转败局、重获生机。大川如今事业有成，是一家公司的老总。他曾经也有过被解雇的经历，当时的感觉就像被人当头打了一棒，又难受又郁闷。之后他面对着一家老小，不得不逼着自己向前冲。再后来他自己创业，经过一番波折，终于有了自己的事业。

人生就是这样，如果不逼自己一把，就不会知道自己有多强大。任你再怎么辛勤劳作，困境甚至绝境还是会到来的，走着走着，路仿佛就被堵死了，此时心情难免失落，但是没辙儿，身后已然没有退路了，那就还是尽量向前吧！此时再不济心还是自由的，还可以观天看地，欣赏花草云朵，体会人生之路的辽阔，让自己再觅前路去拼搏。

经过穷途末路时的难堪，才会有峰回路转时的蜕变。人生路漫漫，没人可走得安然，越是艰难曲折，越应奋力拼搏。切莫因为一时的受挫就拱手认输、轻易退出，这只能令自己的内心日益脆弱无力，直到迷失自己。世界历来是为强者优待，想要成为活得更好的强者，就应无惧任何挫折，从心理上切断自己的退路。这样才能逼迫自己发挥出潜能，得到思想上的提升，进而为自己开辟出新的生存之道。

不留退路向前冲，就能活在新的天地中。

学会反省，失败才能孕育出成功

偶然间得知“金扫帚奖”，它是国内电影界的年度最差奖，多年来获得此奖的导演、演员等很少有人到场领奖。把他人的失败置于众目睽睽之下，这未必有点儿残忍，但正是这种带有痛感的颁奖，才能让人更深刻地反省失败，从而更容易改进自己的不足之处。

失败是一种必然经历，谁都无法幸免。在失败之后，人往往会本能地安慰自己：失败没什么，失败是成功之母。这样想倒也没什么大问题，只是陷入一种心理误区。

在失败、跌倒之后，如果光想不行动、不动手去改进自我，那下一次又怎么可能成功呢？如果缺少检讨与反思的过程，那就永远无法获得成功。对此，不妨借用马云的话说，与其仰望成功者，不如多想想自己失败的原因是什么，其实原因就那么几个，是很容易找到的。

在经历失败之后，不要盲目自我安慰，而要认真查找原因，吸取经验教训，并且要调整自己的行为，不断尝试，这样失败才可能向成功转化。

有一个男孩，出生在农村，家境不好，他后来经历了种种烦恼、承受过种种失败，最终迎来自己的明媚花开。

男孩最初是一名演艺人员，二十多岁时进军歌坛，经过一番折腾，首张唱片终于录制完成了。但这却并非什么好事情，它刚一面世，就遭到无数抨击：就他还唱歌啊，唱得跟白开水一样，他的声音太难听，他的唱法一无是处……面对这意想不到的残酷失败，他的内心实在承受不住，禁不住失声痛哭。哭过之后，他冷静下来，属牛的他天生有股不服输的倔劲儿，这促使他开始认真地寻找失败的原因。他终于发现自己声线上的弱点，为了克服及弥补，他反复听其他歌星的唱片，用心琢磨演唱技巧，经过无数次的纠正与跟唱，他终于打磨出属于他自己的独特的嗓音。再后来，他以阳刚低沉、极具感染力的演唱风格大火，随着各种奖项的获得，他的歌唱事业风生水起。

他是谁想必大家已经猜到，当然这并不重要，重要的是我们要学习他对待失败的态度。

其实失败是成功的必然过程，任何成功者都毫不例外。不过与众不同的是，他们在失败后懂得进行深刻的反省，用心从中发现自身的短处，并尽力改进，从而让自己更好地发展及成长，日益接近或达到成功。

今天的你我，都不应再重复昨天的故事，明天理应好过今天。为了不让悲剧在明天继续上演，今天就应当很好地反省及改变。

面对各种失利，应彻底弄清自己差在哪里。每天都不妨抽出时间考虑一下，究竟应当怎样改进自己做人做事的方法、交往技能等。反思后得到的结果，要及时记录下来，然后有步骤地施以行动。能够经常这样做，也就逐渐靠近成功了。

任何改变都是从人的内心开始的。当你能够真正发自内心进行反省，人生将大有改写的可能。

第八章

凝聚心神，越专一越有成效

人要想在世上独树一帜，务必要专心于一事。如果能弄清自己的兴趣，以之为中心点进行工作，就能得到较多的收获。为此需要有意识地磨炼自己，在增强技艺的同时要优化心理，以专一的心思执着工作，那么开创高效人生就是必然的。

认清自己，是取得成就的前提

对自己有正确的认识，是人生中最重要的事，也是极其睿智之举。不要刻意抬高或贬低自己，要抽时间不断冷静地审视自我，对自己的长短优缺、兴趣爱好等有全面而深刻的了解。这样才能理性地选择恰当的职业，从而发挥自身潜能，取得成功。

英国生物学家达尔文能蜚声世界，正是源于对自己的深刻了解，他清楚地知道自己的长处与弱点，从而向着长处发展，最终取得许多学术成果。关于对自己的认识问题，他多年后在自传中写道："我乐于时常开动脑筋想问题，思想方面没问题，我也热爱大自然，经常深入其中去观察、研究，从中取得了许多有用的一手材料。但我也有着明显的弱点，那就是记忆力欠缺，记得虽广但是易于遗忘，想象力有些贫乏。此外，我还欠缺表达能力，不能自如而流畅地表达自己的思想观点，我的表述要么不清楚，要么漏洞较多……"

在有所成就之前，务必要盘点好自身有用的资源，对于"我是什么，我有什么，我能干好什么"等问题，要能认识透彻，并且能够用语言清楚地描述出来。对自己有明确而清晰的了解，避开自身弱点，针对自己的强项确定发展方向，然后坚定不移地走下去，终究会有所收获的。

生存发展之路数不胜数，无论你选择哪一条路都可以，关键是要适合自己。只有正确而清楚地认识自己，找到自己的坐标点，才能具有向外发展的空间，从而加速到达成功的彼岸。

杨振宁作为一位物理学家，曾因出色的成就赢得了诺贝尔奖，为国人增光不少。他的成功其实也不是一蹴而就的。他在年轻时代，也曾经历过一番自我定位的求索，甚至还因此闹出过不少笑话呢。

年轻时杨振宁曾经去到美国留学，那时的他痴迷于物理实验，理想是成为一名出色的实验物理学家。于是，到了美国后，他拜美国著名的泰勒博士为师，一边系统地学习理论知识，一边动手在实验室里做实验。可是效果却非常不理想，不是屡屡失败，就是实验中途竟意外地发生爆炸等事故。这样时间长了，他不得不无奈地承认，他其实并不适合搞物理实验。

再后来，经过一番忖度，杨振宁决定不再研究物理实验，而是把研究方向调整为研究物理理论。这个决定是极其明智的，最好的证明就是他最终荣获诺贝尔奖。

人都需要有理想，但要建立在现实的基础上，不要总想着自己要实现什么，而要设法弄清楚自己到底能够做好什么。在理性认识的基础上，弄清自己的长短优缺，据此为自己确立研究方向，这样才能更好地发展与成长。

找到优势能力，成为更强的自己

如果你有自己的特长，世界尽可任你闯荡。然而现实中的可悲之处在于，人往往终其一生都搞不清自己最擅长什么。太多的时候，人总是在羡慕着别人的特长，觉得别人都要比自己强，就这样置自己的天赋于不顾，白白浪费了自己的聪明才智。

人的智力才能可能会有许多种，并且发展一般不均衡。人总有一个智能点，是自己的最佳才能，如果能够找到它并在这方面加强巩固，就能充分释放潜能，取得惊人的成功。许多成功人士正是由于幸运地发现了自己的特质，才得以飞翔在自己的天空。

当代著名的漫画家朱德庸，小时候并不聪明，甚至还有那么点儿“笨”，他对文字类的东西反应迟钝，但却对图形类的东西反应灵敏。他从小就酷爱画画，画人、画物，在家里画、在学校画，简直画得如痴如迷。与画画相对的是，他的成绩比较差，加上他不爱说话，因此成为人们眼中有心理问题的孩子。由于在原来的学校实在无法待下去，后来他曾被迫多次转学。

在这种情形下，朱德庸总是惊恐难安，心里觉得憋屈、压抑，于是他就更加疯狂地画画，发泄着心中压抑的想法。

后来朱德庸长大了，出色的绘画才能被人赏识，于是他开始为漫画专栏画画。他的最佳才能到了此时才得以充分释放，他一炮而红，诸多作品深入人心。

要想突破人生困境，自己的长处是可以利用的最佳工具，利用得好，它就可以成为通往成功的捷径。尽力找到自己的优势潜能，是一切任务中的重中之重。找到自己的长处并且将之发挥到极致，就能让自己更轻松地获取成功。

每个人的优势潜能都是独特的，甚至会有一两项是出众的。如果能将其充分利用，你就能把某件事做得比成千上万个人都好。而最现实的问题在于，对于自己的优势应当全力寻找。找到之后要善于扬长避短，将长处作为事业发展的引爆点。如果不懂得此点，只是比较盲目地四处用功，肯定无法获得成功。

在寻找自己最佳才能的过程中，不要把关注点放在自己“想做的、能做的”上面，而要着眼于“能做得最好的”上面。

找到了自己的优势才能后，要设法不断加强，这样才能使自己变得更强，使人生更有价值。

像找爱人一样找工作，选择自己最爱的

找工作是人生中极重要的事情，必须多花点儿心思才行。要像找爱人一样找工作，理应“选你所爱的”。

找工作固然要考虑工资待遇、环境优劣等因素，但更应当考虑自己的兴趣是什么。寻找与自己的兴趣相契合的工作，

才能充满信心地干下去，让付出的心力更有效果。这样不但容易有所成就，还能让自己活得更快乐。如果说你喜欢做比较静的工作，现实却让你成天跑推销，这未免会让你觉得极烦恼。如果找到的工作与自己的兴趣是一致的，既能赚钱，又觉得快乐，就是两全其美的。

为什么那么强调兴趣？因为兴趣是工作的动力。唯有对工作感兴趣，才能充满热情地去做，并且做出成果、得到快乐。所以，没有理由不选择自己衷心热爱的工作。乔布斯创立了苹果公司后，多年来成就非凡、业绩骄人。他对此总结说："对工作的衷心热爱，是我能把它做好的根源。"人只要能找到自己真正喜欢的工作，未来的路就会变得宽阔。

丁肇中（诺贝尔物理学奖得主）曾经深有感触地说："根据自己的兴趣工作才更有成效，否则就是胡闹。"如果做自己感兴趣的工作，就容易最大化地调动热情、激发潜能，取得出人意料的成功。可是现实情况却是，太多人根本搞不清自己究竟爱做什么，于是什么都想做一做，这就容易造成求职的盲目性。

小李原先是干装潢工作的，后来由于行业不景气，他就想另谋高就，寻找更能赚钱的工作。其实他这种做法欠妥，可以重新选择职业，但其立足点应是兴趣，否则再怎么好的工作，都容易中途厌烦。如果只是因为一时赚钱不多，大可不必急着换工作，不如抽时间加强专业技能，等到行业一回暖，自然能够多赚钱，也有利于自己的长远发展。

当形势真的需要更换工作时，就应设法弄清自己的兴趣。为此不妨自问：我最喜欢做的工作是什么？遇到外界诱惑是否会改变？这样深层提问、挖掘内心，就容易找到兴趣所在并将其坚固。

当发觉自己喜欢做的事情太多，一时间无法取舍时，可以将与自身及现实情况差距太大的选项明智地排除掉；再对剩下的两三个选项认真分析，然后做出最终的选择。

即使弄清了自己喜欢什么工作，但是现实情况却不允许你做，此时也不必灰心，可以利用闲时做一些相关的兼职、培训等，逐渐向其靠拢。提前为之做好积累与准备，梦想成真只是迟早的事。

做自己真正喜欢的工作，会让人生更有收获，会使内心更加快乐。拿出足够的耐心，像找爱人一样找工作，你终会如愿以偿的。

做好职业规划，胜过“骑驴找马”

不少人或许都有过这样的困惑：在求职的时候总是不知道自己到底能干什么，想要干什么，因而不得不盲人瞎马地面对各种招聘会。

小何大学毕业后曾做过许多工作，但是都干不长久，总是时不时地更换工作。这样一晃就年近三十了，他开始产生强烈的失落感与恐慌感。他知道再混下去也不是办法，可他也不知道自己究竟能干些什么。

“你一个大学生干点什么不好啊，实在不行还可以摆摊做生意，把生意做好，不是比做其他什么工作都好吗？”面对朋友的调侃，小何有苦说不出。

小何觉得自己就像是一艘船在海上漂荡，根本没有目标，所以最终是靠不了岸的。于是他开始静心反思为什么会这样。最后原因找到了，是因为搞不清自己的特长，没有明确的职业方向。

在如今的就业形势下，工作倒是也好找，只是人心比较浮躁，动不动地就会想跳槽。这是一种既不理智又不务实的选择，如果一直习惯于这样，除了会造成职业生涯不连贯、无法培养起责任感等弊端之外，还容易给人带来内心的隐痛，以及无法消除的迷茫！

选择职业是有矩可循的，一般应是沿着专业或行业的方向直线发展，切莫在此二者之间来回切换，否则就容易导致无法形成优势特长，好像什么都会点儿，却又全都无法深入钻研，以致无法形成核心竞争力。唯有沿着行业或者专业方向长时间专注地精耕细作，才能磨炼出专业特长，增强竞争能力。

在求职之前，弄清职业方向最关键，为此不妨好好考虑、规划一番。职业规划的核心，是根据自己的兴趣、才能、性格等，选定合适的职业范围，然后在此范围内选择具体的工作。

设定职业目标之后，不妨想一想，它的实现究竟受到哪些因素的阻碍？一般是会受到环境因素的影响，如社会环境、家庭环境等。要认真分析一下自身条件有哪些是与环境相抵触的，之后做出相应的改变与调整，确立更契合实际情况的职业路线，使自己有步骤地向前发展。

日本的商业巨子孙正义，年轻时也曾为做什么徘徊过，最终经过慎重的考虑及分析，他选择了软件流通作为自己的事业。对此，他是这样认为的："确立职业方向不能凭冲动或是偶然因素，而是应当经过一番分析、权衡。一旦明确了方向，须使自己的各项活动围绕着它进行……"

有人认为职业规划不急，在求职之前现做就可以。这固然也可以，但最好能在大学期间就着手去做。大学毕业之后想做什么，考研、留学，还是找工作，都应该及早有最明确的打算。例如，你想在毕业后从事出版工作，那么大学期间就应把专业知识学好，要多阅读一些著作，多练习写作，尽量争取能在报纸、刊物上发表些文章，再抽时间进行一些相关的实践活动。这些都是在为未来的职业发展做准备。

值得注意的是，职业规划也并非"死教条"，如果自身及外界条件变化了，职业规划就需要适时调整，如修正某个具体环节、改变实施的手段等。

有了明确而具体的职业规划，只要不懈付出，你终究会走出一条自己的路。

要想独树一帜，务必专心于一事

我曾经有个问题：专才与通才哪个更受欢迎？十个百分之十和一个百分之百，究竟哪一个更有价值？

多年后转了一大圈，我终于得出答案：事事一知半解不如一事精绝；十个百分之十并不是百分之百，而近乎为零。

事实早已证明，唯有精通一事者才能取得非凡的成功。无论你是精于唱歌、画马还是画虾，都要专心干好它。哪怕你所精通的技艺看似不那么重要，只要你能真正把它做好，那么也能获得丰厚的回报。

近年来一些技术工人为什么总被企业以高薪聘请，而一些重点本科以上学历者却屡屡被拒？此种现象是值得我们深思的。或许你有些愤愤不平，凭什么啊？可是，厨师能烧出养眼又可口诱人的好菜，技工能游刃有余地操控好一台机器，而有着名牌学历的你又会些什么？假如你也有拿得出手的技艺，照样也会被人争抢的。即使你是毕业于普通大学，英语却已过专业八级，那么有需要的单位就会优先考虑你。

想方设法让自己成为专业人才，而且不断提升技能，让自己变得极有用，你自然就能提高自己的身价。在如今的知识经济时代，谁也不可能做一个全才，想让自己无可取代，就必须成为一个专业技能高强的人。

的确，这是一个连水果都要贴上“专业标签”的年代，我们必须懂得如何增加自己的“不可替代性”。在人生的棋局中，能帮你扭转局面的，只能是你的王牌，也就是你独特而高明的专业技能。

不妨思考一下自己的专长在哪儿，是英文娴熟，是打字速度快，还是擅长与人打交道？要根据自身的兴趣和现实需要，从众多的选择中撷取其一，放弃其他，然后集中全部精力，将之做到极致。

找到自己的特长后，如果能集中所有的精力去培植它，那么它必定会开出鲜艳之花。正所谓“十年磨一剑”，这一剑会是多么锋利呢？培养自己的专业技能，需要长期而持续地用功。就拿学钢琴来说吧，至少需要几千小时的专注训练，才能成为颇有水平的业余钢琴师；至少需要坚持训练一万多个小时，才能成为水平颇高的钢琴家。由此看来，我们之所以在成功之途中屡屡受限，并非没有天分或能力不足，而是没有“持续付出”。

这样的情况其实很常见，有的人东干几天，西学一点儿，从事过很多行业，转换过很多岗位，乍一看好似技能挺多，仔细一审却都稀松平常，忙忙碌碌也没形成什么专长，每一项专业能力往往都达不到要求的程度。其结果就是只有年龄陡然增长，却屡屡下岗。因此身在工作岗位时，不要今天干这明天干那，要一心一意，把技能之剑磨锋利，以增强个人的职业竞争力。

如果今天去学踢踏舞，明天去跳天鹅湖，后天又去练书法，妄想“四处开花”，末了一事无成，所得到的结果只能是一场空罢了。

要想在世上独树一帜，务必要专心于一事。与其诸事平，不如一事精，与其四处分散精力，不如将其集中于一点上。想让有限精力产生最大的效益，就必须专心致志。你能把一事做精、做透，就是了不起的成就。

成功不在于做许多事情，而在于专注。用十倍的精力去做一件事情，它会带给我们真正意义上的收获。

心思简单，是走向高处的动力源

生活就是不断解决问题。面对各种各种的问题，人往往会惯性地将之复杂化，好像如果把答案想得太简单，就会使自己显得比较傻。

其实，有些问题明明很简单，稍微想一下就能解决，却偏偏被人为地复杂化了，这是愚者的做法。而智者绝不会被惯性所束缚，他们懂得简化问题，巧寻方法。

效率正是从懂得简化开始的。平时要有意识地简化问题，这样才能提高工作能力，取得成绩。

其实，所谓的复杂问题很可能是对其认识不清造成的。要想清楚地认识问题，首先要简化思维，不要思虑过度。这样才能真正认清问题的关键，从根源上解决问题。

要想产生好的思路，从而化难为易、解决问题，不妨让自己心思简单点，这样在没有心理包袱的情况下，反倒容易想出好方法。

生活中，为人处世要简单、真诚，心思不可过于复杂。这样遇到问题时才不至于构思过度，将简单的问题变复杂。

做人切莫太复杂。要想有所收获，就应当往简单做。心思越是简单，成就越容易不凡。古往今来，那些大有作为者，无不心思单纯、生活简单。就是在外人看起来甚至有些犯“傻”的他们，实际上却是最有智慧的人。他们能够化繁为简，不为生活琐事所遮眼，从而能腾出心力去完成更大的事情。

人要想活得更轻松，就要简化生活中的许多事情，清理诸多无用的附庸。

有个朋友是简单生活的推崇者。突然有一天，她发觉自己疲惫不堪，生活空间被太多无用的东西填满。于是，她决定要对自己的生活进行“瘦身”。

她首先把自己生活中的东西列了个清单，然后用笔勾画出没用的东西，将之一一清理，其中包括过期书刊、总穿不着的衣物等。

在进行一番清理之后，她顿时觉得心理上轻松了许多，生活也不那么沉重了，她的脚步开始变得轻松，思维也更加清晰。一番大清理她不仅什么也没有失去，反倒过得更惬意。

人生其实就是个由繁到简的过程。人越无知时越是什么都想要，从而使内心被塞得满满的，没有什么心灵空间。及至有所省悟，才会放下紧握的双手开始做减法。删减欲望、清理杂物，让生活尽量简单，内心就会更加充实、宁静、快乐。以这样经过精简后的心灵，能够为成功开创高效人生加油助力！

第九章

心中有丘壑，盘大你的人生格局

想大才能做大，人内心的思想，能决定未来的发展方向。如若想谋得财富，就要把脑洞打开，尽力寻求好的思路。如若想寻求发展，就应当开阔心胸、目光长远，不断往远处看。放飞心灵去追梦，就能获得更大的成功，拓展更大的格局。

霸气，成就事业的底气

为什么会这样？对某个只见过一面的人却很有印象，“这人不错，想必会有一番作为的”。什么原因似乎说不清楚，可你就是这么本能地认为。其实，这是因为此人身上显示出某种无形的霸气。

霸气会从人的言谈举止中隐隐流露出来，是怎么也掩盖不住的。霸气是一种舍我其谁的气概，能令人心生畏惧或崇拜。项羽的一句“力拔山兮气盖世”，将霸气表露无疑；乔丹的一句“我只要第一”，将霸气于平静中坚定地显现出来。霸气是一种一往无前的坚定信念，是一种坚韧不拔的顽强意志；霸气散发着仁爱的光芒，蕴含着包容之气；霸气并非霸道，它不会目中无人，更不会咄咄逼人；霸气是一种由内而外散发出来的高度自信，会让人不自觉地被吸引，并从心底涌出一种敬重。那种从举手投足间显现出来的坚定，那种浑身上下散发出来的勃勃生机，值得我们驻足欣赏及追随。

但我们不能只崇尚他人的霸气，也应打造出自己的霸气。我们的气质可以平和，但不能一团和气，绝对不可以没点霸气。霸气是一种追求成功的动力，它提醒人活着不可浑浑噩噩；它激励人勇往直前，登上成功之巅。

人之平庸或是杰出，往往取决于霸气的有无。没有霸气者，容易无波无折、庸庸碌碌地活着；而有霸气者，心里流淌着进取的江河，随时可能掀起事业之波。霸气的能量惊人且巨大，有了霸气，就有无穷的动力，它可以改变糟糕的处境，将人送达成功之峰。

在竞争激烈的各种场所，需要的不是谦和之气，而是一往无前的霸气。要想活得充实、活得精彩、活得有趣，我们就要努力培养出自身的霸气。

培养霸气，需要有明确目标做指引，需要有超高的自信为基础，需要用艰辛付出来铺垫。

不论你现在处境如何，只有为自己确立一个目标，才可能干出一番事业。有了明确的奋斗目标后，紧盯着它去追求，就自然产生了霸气；有了霸气，也就有了竞争力，因而在事业上也较易成功。

霸气的类型多样，或直白、强硬，或含蓄、内敛，但其精神实质却都一样，那就是自尊自信、一往无前、永不言败。霸气源于自信，当自信完全充斥你的内心后，那种慑人的气势就将产生。霸气就是一种蔑视困难、一往无前的王者气概。如果你想在某一方面取得成绩，不妨将“我一定要”传递到潜意识里，然后执着于自己的梦想，你就有可能成为令人瞩目的英雄。在人生的竞技场上，永远需要一点霸气，需要敢于信心十足地对自己说“我是最棒的”。

霸气是人内心的力量之源。如果没有霸气，即使有什么心愿，也形同漂浮在水面上的肥皂泡，根本长存不了，更别说什么去实现了。如果没有霸气，即使你才华横溢也无济于事，即使你实力超群也会徒劳无功……

人只有具有霸气，才能更好地展现自己。其实每个人的体内都蕴含着惊人的潜力，只要培养起霸气就可将其发挥出来。拥有了霸气，也就拥有了勃勃生机与非凡业绩!

视野的宽窄决定发展的格局

厉以宁的一问，至今仍激荡人心。厉以宁是北大经济学教授，他总会问新到校的学生一个问题：“你来北大是想要学习些什么？”大多数学生回答：“我想学到有用的知识。”他摇头表示否定；也有学生说自己是来学习方法技巧的，也被他否定了，竟没有一个学生能得到他的肯定。最后，他才开导学生说：“同学，你们是来这里开阔视野的。”现在的学生，谁不想一日速成，尽快学到有用的技能？可是有识之士却认为，教育的首要目的是开阔视野。不能放眼大局，就不能得到大收获。

的确如此，视野不够宽，未来发展会受限。石榴的生长受限于栽种它的容器；再大的烙饼也大不过烙它的锅。我们的未来成就能有多大，取决于人生格局的大小。

格局是指人对事物的认知范围与程度，与人的眼光、志向、胸怀、胆识等密切相关。

一个人总是得不到什么发展，其原因往往在于视野太狭隘，人生格局太小。这就好比花盆虽然能培育出美丽的花朵来，但“花盆难栽万年松”，松柏要想茁壮成长，必须突破花盆的限制。格局决定未来的路，一个人视野宽阔，才可能有所成就及发展。

成长的核心问题，就是要开阔自己的视野，也就是给自己构建人生格局。学知识、学技能、拿文凭，这些固然重要，但更重要的是，要为自己谋划一种大格局。试问你的格局有多大？假如你只有一层楼的格局，根本没有足够的空间容纳足够多的东西，那么你的人生充其量又能发展到哪里？

我们或许并不是不想做大自己，也不是不想确立大格局，只是力不从心而已。总觉得自己缺这少那，各种条件也不占优势，所以想想还是算了，什么大视野、大格局啊，都是一些可望不可求的东西。格局其实不是天生就有的，与后天条件也没有多大关系，真正与之有关系的是你自己，是你的思想阻碍了你的发展，是你的“自我设限”将自己困在了原地。

很多时候，当我们刚萌生一点雄心时，就习惯性地告诉自己：“这个是没有办法做到的。算了吧，我想得未免也太过头了，我就这么点能力，可逮不了什么大鱼，还是别做非分之想了。”

于是，大有可能收获的成功，就这样被轻易扼杀了。其实，没有人能够限制你成功，除了你自己。只要你肯于去突破、挣脱固有想法，敢于向外拓展，那么你肯定会大有发展。

不能取得大的成就的重要原因之一，就是目标太小，以至于没有什么动力去追求。小目标一旦实现，就容易满足，从而故步自封。因此，当务之急是要站在一定的高度上，为自己设定一个具有挑战性的目标。

目标越远大，追求的动力会越强大。心中怀有一个高远的目标，就有动力去积极地追求与进取，就能取得一个个成就，就能得到一份份快乐。

当你一旦实现人生大目标，眼光就会变得更长远，视野会变得更开阔，这些又会促使你自动去追求更快更好的，从而让你一步步走向更大的成功。

大的人生格局，会让你拥有好的未来发展。如果把自己封闭在已经熟悉的环境和空间中，无所追求、浑浑噩噩地过日子，就会一直被局限在原地。所以，我们要有大的格局，应经常站在新的高度，从全局上考虑和谋划人生。

大视野会带给人大成功。每个人都要敢做梦，敢做梦才有机会赢。

思维方式能决定人生价值

年少时我们或许都认同只有努力才能成功。及至有了一番经历，就会觉得努力也不一定能使人成功，思维方式才能决定成败。生活中，面对同样一件事情、一种局面，不同的人会运用不同的思维方式。由于思维方式不一样，因此解决办法也会大不相同，最终导致的结果往往也会有天壤之别。

你或许也曾有过这样的好奇：两个人各方面的条件原本相差无几，在多少年之后，何以会有迥然不同的人生境遇？有人一帆风顺，做起事来得心应手，财富应有尽有；有人却举步维艰，遇事不知该怎么办，以致穷困潦倒……人生境遇如果较差，往往是缺少想法，也就是不会运用大脑，或是缺少思考，导致问题解决不好，人际关系融洽不了，工作总是原地踏步、没有进展，因此处境难堪。各种事实已然证明，若想出人头地、事业有成，只有掌握良好的思维方式才行。可以说，好的思路即为财富，这在任何时代都适用。

同一时代的人，由于学历、思想等大致相同，那么，其考虑问题的基本方式也会相差无几，因此人生处境也都类似。而有的人却偏偏敢于反其道而行之，寻找到与众不同的思考问题的方式，因而不可阻遏地跳出了命运的“怪圈儿”。

如今的诸多成功者，也都曾经一穷二白过，他们之所以能凭空而起，所依靠的不过是一种思路而已。蒙牛公司老总牛根生，在一阵感慨声中道出了成功的秘诀：“创业不见得需要多少资金，但是思路一定要开阔，有了好的思路，才会财源广进。”想当年，他独自一人开始创业，根本没有多少资金，最后竟能做出一番大事业，这使我们不能不对他的一番话好好咀嚼。

无论是在什么时代，如若想谋得财富，就要把脑洞打开，尽力寻求好的思路。凡事要多看、多想、多动脑，这样好点子、好创意就容易捕捉到，从而也就更容易解决难题，从困境中起死回生，使自己更顺畅地走向成功。

沃尔伍兹年轻时在一家五金店工作，尽管他一向都积极肯干，但还是无法阻止商品滞销的局面。面对因一大堆卖不出去的商品而发愁的老板，沃尔伍兹开始冥思苦想，终于他想到了一个主意，就赶紧对老板说了，老板无奈地同意了。于是他将一些老板挑出来的、卖不出去的东西都集中摆放，减价之后让顾客自行挑选。这些东西竟变得非常抢手，很快就卖完了。

接下来，沃尔伍兹又大胆建议老板，将店里的所有商品都采用这种方式出售，但老板因为害怕受损而没有同意。于是思维活跃的沃尔伍兹决定用自己的想法独立卖东西。他自然没什么东西可卖，于是他找来了愿意合作的伙伴！经过诸多次尝试之后，他在全国建立起多家连锁超市，一时间大发其财。他的前老板听闻了此事，心情沉痛地说：“我当初那么轻易就拒绝了他，现在才知道有多么傻！”

千真万确，好的思路就是这么神奇！它能克服问题、解决难题，带给人新的成功；它能赢得机遇、挽救局势，使人或企业起死回生。因此我们要注重培养思维方式，用心寻求好的思路，这样才能脱颖而出，开创一条有价值的路。

眼光有多远，未来的路就有多宽

成功需要许多能力方面的因素，包括才华、勇气、毅力等，而其中至关重要的是人的眼光。

面对同样一个问题、一件事情，如果看法不同，就会导致不同的做法，结果自然也会大不一样。其中的关键，就在于究竟怎么看，即人是否具有眼光。

有眼光者能准确地捕捉机遇、赢得商机。有眼光者的过人之处在于，他总能比别人多看几步，从而可以铺平未来发展的路。眼光取决于见识的多少，见识源自心胸。心胸如若开阔，就能够主动地广纳博采、开阔视野，这样就更容易捕捉到前行路上的机遇，扩大人生格局。

有见识者能够从危机中发掘出机遇，即使情况再复杂，也不会惊慌失措，而能游刃有余地去做，从而将危机转化为机遇，成功地扭转败局。见识高的人总是能从一点细微苗头中准确地预测到问题的发展趋势，从而快速捕捉机遇，先人一步取得成功。

可以说，见识的多少决定人眼光的高低。而是否有眼光，又决定了人生成就的高低。

当年，一无所有的包玉刚极具眼光，他明确地预测出，船运业必将在香港这个具有天然深水优势的地方兴起。于是他当机立断，四处向人借钱，购买了一条旧船，他不顾身边人的阻拦，也不畏惧什么风险，坚决地开始干起了船运业。

之后经过多年的苦心经营，包玉刚的船运事业非常红火，他甚至还赢得了“世界船王”的殊荣。对此他没有沉浸于其中，而是以他那独特的敏锐眼光，判断出船运业即将衰落，于是他又果断地做出了“削减船只”的决定。后来的事实证明了他的预言的准确性。他的慧眼独具，不但为他带来了巨额财富，也为他避免了重大损失，眼光的重大作用也从中可见一斑。

已经取得不凡业绩的包玉刚，又以重金果断收购了由英资控股的一家房地产公司，不但充分地展现了他的眼光，更拓展了他的事业格局。

具有眼光者，能摸清事物发展规律，及时地捕捉潜在商机，从而大笔获利，领先于人。

要想成功地进行商业经营，没有准确的眼光绝对不行，否则就只能眼睁睁地错失商机。眼光要尽可能长远，也就是不能鼠目寸光，而要放眼大局，从中敏锐地把握机遇，这样才能步步为营，赢得成功。

所以说，人不必在意眼前的处境怎样，而要注重看待事物的眼光。眼光的长远程度，能决定事业的发展高度。

不要太在乎薪酬，成长是最重要的

曾经，人们简单地以为，只要考上大学，人生的命运就改变了。可是大学毕业以后才发现，原来大学生也并不一定能找到薪水高的工作。此时，人最容易迷茫、失落，不知应怎么做。

参加工作后，薪酬成为人们最为关心的问题。在许多人尤其是年轻人看来，薪酬是自身价值的体现，薪酬越高证明自己越有能力。如果发现自己的薪酬比别人低，就会生闷气，心理不平衡。于是在工作中就开始消极怠工、敷衍了事。此种情形其实并不少见，殊不知，当你真的这样做时，就等于是堵死了自己未来发展的路。

“我出来工作就是为了赚钱啊。”是的，此话并没错。但是，你有没有想过，难道你辛苦打拼仅仅是为了眼前的金钱吗？

虽然薪水的确是自身价值的体现，但如果仅仅是为了工资而工作，就是目光短浅的表现，自身发展将因此受限，也很难找到真正的成就感。这种选择并不明智，对自己有害无益。

刚开始工作时，不必过分考虑工资，而应放眼长远，考虑未来的发展。工作时不要一味想着多赚钱，更要注重自身的长远发展，它关系到你以后的命运。年轻时，要敢拼敢闯，多尝试一些有益的事情。如果此时只是固步自封，仅仅赚到一点钱就满足，对于未来并没有什么长远的计划，那就很可能会浪费时间、埋没才华。所以，年轻时不要过于计较赚钱的多少，要把未来发展放在第一位。

工作时薪水无论多少，都不要过于计较，因为你是在赚取未来发展的资本。即使薪水不高，也要尽力把工作干好，这是决定成败的关键。成功需要实实在在的行动，没有经验、没有资本都没关系，可以在工作中学习经验，在实践中练就本领。把经手的每一件事都做到尽善尽美，工作质量远远地超过别人，就容易让自己无可取代，发展更快。工作一定年限后，随着工作经验和人脉等的积累，自然也就具备了一定身价，会成为受企业青睐的人，自然也能提高自己的薪水。

其实，工作本身就是一种报酬。我们可以通过工作提高技能、增加经验，提高人际交往能力……这些比你那有数的工资要有价值得多，也都是可以受用终身的。明智的做法是将工作视为一种学习经历，从中理性汲取，使自己不断得到锻炼，不断赢得新的成功。

无论如何，都不应该停滞不前。我们不仅要做好手头的工作，还要以更高的标准来要求自己。目标不妨高远些，这样能促使自己更加积极地工作，一点点积累成功的资本。

为了以后的生活变得更好，年轻时就应踏实肯干，努力为明天做更多的准备，有时委屈一些是必需的。一个想追求更大成功的人，可以忍受薪酬低的委屈。在忍耐中一步步地向前，你终会拥有自己的一片天。

做人可讲“佛系”，做事需有野心

生活可以放慢脚步，生命却需紧锣密鼓。

渴望时光静好，承受不起一点儿烦恼，但凡遇到点困难，就后退连连，这是一种怯懦，也是一种缺憾。

凡事怎样都无所谓，不愿理会什么错与对，不争也不抢，别人安排什么都平静接受，这就是所谓的“佛系”，实则也是一种懒惰及逃避。

“佛系”其实也未必是自我放弃，有时是以此来缓解种种压力。只是可惜，生活中的诸多烦恼，不是仅靠逃避就可以解决的。

人活着还是需要有野心的，此词不是那么不可取，它可以正向理解为志向、理想等。有了野心，才会有动力去追逐、进取，而没有野心，就容易浑浑噩噩过下去。

人之所以原地踏步，往往是因为野心不足。如若你对于某些东西连想都不敢想，那么此生是永远无法得到它的。

现实生活中的人们，容易日益麻木迟钝，对什么事情都无心，对什么事物也不都感兴趣，每天都是在发呆、打游戏。要想改变这种状况，需要激发自己的激情与梦想。

有野心才会有成功的欲望，有欲望才会有追求的动力。所以，即使你一无所有也无妨，点燃自己的野心就可以。

人活一世，要尽可能地做些有意义的事。最好的做法莫过于，带着自己的野心积极做事情。

为了生存发展，应当具有野心，追求不休。可是当追求过甚，为名利所困时，就需要以“佛系”心态为自己松绑。

人固然要做事情，但不可追逐过度，要心态平和，超然一些，该尽力时就尽力，该放手时就放手。既要能看重目标，又要懂得看淡得失。这样才能排除私心杂念，真正把事情做好。

当种种欲望上涌，只想不停息地索取时，就要有点“佛系”心态，把得失看淡，把名利看轻，让内心更轻松。这样不但做事会更有成效，内心也比较容易快乐起来。

但是人如果一味超然，而不肯实干，这样的活着也只是在徒然地浪费生命而已。所以野心还是要有的，要尽力做事情，从而成就自己、造福他人。

在做事的过程中，人内心的体悟会加深，思想也能得到升华与提高，可谓是最好的自我修炼之道。在出世与入世之间找到平衡点，就能让自己活得快乐而心安。

在小圈子里找幸福，到大环境中谋发展

有时幸福感并非客观存在，而是与外界比较出来的。

人究竟是否幸福，其实只是一种感觉，并且这种感觉有时是经过比较而得到的。互联网时代，了解他人的生活是轻而易举的，他人的豪奢生活不由惹得人眼热，这种不经意的比较会让人觉得失落。我们如今的生活，其实应该说比上一辈人好过得多，然而事实却是，当我们每天匆忙挤公交时，看到他人开着豪车立时会觉得不快乐……

人是否觉得幸福，取决于对自己生活的满意度。如果总爱把自己置于大范围内与人攀比，那么就会觉得自己拥有的不多，会觉得失落，得不到什么满足感。要想得到幸福感觉，与其在大范围内找，不如在小圈子里寻。在某个小圈子里，人们的各方面情况都差不多，就比较容易找到幸福感觉。

那么这是否意味着，我们应当与大环境隔绝，一直在自己的小圈子里生活？答案当然是否定的。

人活着不能一味退缩，而应奋力开拓。将自己置身于各种充满竞争的大环境中，才能极大地激发自身潜能，让自己变得

更强大。

在小圈子里生活固然会给人带来满足感，但也会使人变得目光短浅、举步不前，自然永远谈不上什么大的发展。

而让自己有意识地接触大环境，会使自己眼界更加开阔，更有动力进取，从而不断开拓出新的生存空间。

其实，幸福感不见得与物质有关。农民在丰收季节收获时的喜悦，与富豪收入巨额钱财时的喜悦，内心感受是相同的。所以，有时同他人所进行的比较是盲目而无意义的，不要迷陷于攀比的旋涡，幸福可以由自己掌握。

与其对他人的生活眼馋心羡，不如放眼长远，给自己设定一个高远的目标去挑战。想摆脱自己的小圈子，需要构建大的格局。而决定人的格局的，其实不是学历、背景等，而是人的思想。高瞻远瞩的思想神奇无比，可以创造出一个个奇迹。

为了眼前的幸福，可以让自己融入小圈子去感受平淡中的快乐。而为了今后的快乐，要敢于满世界去拼搏。如果一直在自己熟悉的小圈子里生活，就容易变得安于现状、不思进取。而如若能够打破禁锢，勇敢地向外闯荡，就能在开阔心胸的同时，得到想要的幸福生活。

寻求发展，应当开阔心胸、目光长远，不断往远处看。而寻求幸福，需要心怀知足、目光向下，体会眼前。在小圈子中立足，在大范围内拓展，把握今天、创造明天，你将会越来越有幸福感！

第十章

学会忽略与忘记，拓宽生存的领域

要想在现实中顺畅过活，就不可随意与人斗狠较劲。纵使遭受轻视或侮辱，也应将其忽略，对于一切是非仇怨，最好一笑置之。当人真正学会忽略与忘记，就能走出生命的误区，开拓出更广阔的生存天地。

承受得起“白眼”，才能为自己赢得青睐

在人还没有成功之前，似乎不是那么容易受到尊重，时不时就会遭遇轻视或侮辱，使人既愤慨、又无奈。此时抱怨诅咒都不能解决任何问题，长此以往还容易产生心理问题，使自己的处境更不堪。因此，在受到他人的轻视后，不必太往心里去，而应将其忽略，打起精神，积极迈入改变现实之路。生气不如争气，弄清此理，就会明白应往哪里去。

无论何时，人都需要强大内心，懂得自尊，不必仰头看人，更不必自轻自贱。与其埋怨他人太势利，不如逼迫自己长志气。

人之所以受到他人的尊重，是因为自己的实力或价值。当人一无所有时，奢求尊重不如发展自己。比尔·盖茨曾经送给大学生这样一句人生格言：年轻时不要害怕被人看轻，在创造价值之后，自然能赢得尊重。一旦明白此理，就会灭火消气，鼓起奋斗的勇气。

人在年轻的时候，基础薄、起点低，容易被人看轻，得不到尊重。这其实只是人生常态之一种，遭遇了逆流旋涡，经过了由低到高的过程，就可能迎来成功，重要的是要找准方向往前走，而不是中途就误入歧途。

如今看起来风光无限的成功者，也曾有过遭受歧视的时刻，

他们没有一味地抱怨，而是发奋争气，最终开辟出一片新天地。

某著名企业的创办者龙宇，年轻时只是名底层的机修工，有一天他领到一些奖金，就兴奋地到一家向往已久的大饭店去吃饭，门卫看到他那土气的穿着，露出了不屑的神情。坐定后他又受到服务生的冷落。龙宇颇为恼火，真想站起来指责，但他很快意识到：受人轻视，说明自己还不是那么有资格受人尊重，我理应以实际行动证明自己能行。

那天之后，龙宇咬牙立下志向，不管条件怎样差，都一定要使自己不断变强。后来，他为了自己的梦想奋斗不息，终于大获成功。

其实每个人的人格都是平等的，只是后天从事的工作、环境、机遇等不同罢了，无论身在怎样的处境，遭到怎样的轻视，都不要因此为难、压迫自己，要鼓起内心的勇气，一往无前，为自己赢得尊重。

对于来自外界的各种轻蔑，最好的回应方式就是忽略，将存留的精力用于开拓自己的事业。无论出身、相貌、学历、处境如何，只要心中有志气，终有一日可以出人头地。

对于不快与怨仇，以微笑化解

生活不可能总是阳光明媚，让人微笑以对，总有一些愁烦之事或误解纷争，让人深陷其中。此时与其烦躁不安，不如淡定以对。曾经，有人指责说爱因斯坦的理论漏洞颇多，根本站不住脚，有数百位科学家都可以对此做出证明。爱因斯坦得知此事后，只是笑了笑，说："一百位？哪里需要这么多人啊？假如我真的错了，只需一个人出面证明就行了。"结果是什么？爱因斯坦的理论经受得起各种检验，众多人却都败于一个微笑。

微笑是内心的自然流淌，不卑不亢，也是对他人及自己的尊重，所以难堪场合要善用微笑。要想化解人生中的纷争误解，其实不必太多的言语辩解；要想让人生充满阳光，那么首先就应清除心中的魔障。有时过多的叫嚣，不如一个淡淡的微笑。

在受到别人的误解或指责后，愚者选择暴怒，智者选择微笑。微笑力量十足，它能震撼人的心灵，能引起对方的反思、自重。有时只需一个微笑，就能化解人与人之间的仇怨，让一切转好。

在一家国际旅店内，有位旅客让服务员赵洁给他倒杯水。赵洁礼貌地答应说："您稍等，我马上就给您送水。"

可是后来一忙起来，赵洁竟然把送水的事给忘了。直到那位旅客按动了紧急服务铃，她才猛然意识到：糟了，她竟忘记送水了！当她来到那个房间，连连向对方道歉，听着对方的指责，她仍是笑容以对。但是，那位旅客仍不肯原谅她。

接下来，心怀歉意的赵洁，每次去那个房间服务时，都会特意询问那位旅客是否需要水或别的什么。然而，那位旅客似乎怒气未息，对她总是不搭理。

那位旅客即将离开前，向赵洁要过留言本后写了起来。赵洁仍是面带笑容地说："先生，对我有意见尽管提，我很乐意接受您的批评！"

等那位旅客离开后，赵洁打开留言本，只见上面写着："此次旅行途中，你的一次次微笑让我感动，你的服务质量我很认同，下次如果有机会，我们还会再见！"

微笑是最美的表情，也是最有力的言语。无论是早已熟悉或是彼此陌生，微笑都能使人与人之间的情感更浓。生活中，难免会遭遇些许无奈的事情，有时候自己也会无意地做出伤害他人的事，如果学不会微笑，就会陷入无休止的烦恼。相反，面对一切过错过失，一个淡淡的微笑，就意味着原谅与忘记，这种无声之语，反倒更加有力。

对于一切不快与怨仇，最好"一笑泯恩仇"。保持微笑不言，人生会平稳向前。

以温言对怒语，换得"一团和气"

生活中的一些小事情，常常能引发一场争论，而且火药味极浓。此时，得理的一方如果步步紧逼，把对方逼得太急，就有可能激起对方的反抗，从而"慌不择路"地给你造成伤害。所以，即使你有理，也要注意说话方式，尽力做到心平气和地说话。

有理不在大声，温和说话，由于其中充满了宽容和理解，最容易感化对方。在有理的时候不要得理不饶人，而要能容事容人。当双方之间存在错怪或误解时，不要以怒制怒，而应找到根源，加以沟通、解释，以达成谅解、灭火消气。

“服务员在哪里？有长眼的吗，快点过来看！”一位顾客粗声大气地叫喊。小燕听到后立马过去了。顾客指着桌上的杯子，咄咄逼人地说：“这像话吗！你们的牛奶是坏的，弄坏了我的红茶，你说怎么办吧！”

“对不起，我立即给您换一杯!”小燕赔着笑脸说。

不一会儿，小燕端着一杯新换的红茶轻轻放在顾客面前，微笑着小声说：“您如果放牛奶，请慎加柠檬好吗，因为它有时会使牛奶结块。”

顾客的脸不自觉地红了，他喝了几口茶后，匆匆离开了。

有人替小燕不平：“明明是他无知又粗鲁，你为什么不教训他一下？”

“正因为他无礼，所以我要讲理。简单的道理一说都懂，没有必要太大声！”

小燕以温和的言辞轻松地熄灭了对方的“火气”，看似“柔弱无力”，实则“力胜千钧”，效果惊人。因此，当遇到他人无理取闹时，不必过于冲动，理直的人，要用和气来服人，而不是用气势来压人。

当与人产生矛盾分歧时，即使有理，也要“和气地饶人”。最容易征服人心的，不是武力，而是温和的举止。现实情况就是，指责会让人反感，强迫会让人愤怒，羞辱会让人反击。唯有温和让人无法闪躲，无法抗拒。所以说，温和比强力更能改变人。

温和与友善能驱散人内心的阴影，拂去人心底的怨恨，从而引起心理共鸣，让各种言论主张得以施行。解决种种人际问题，如果采用专制、强暴的手段，不但无济于事，有时还会适得其反。只有温和待人、以礼服人，才能有效解决问题，使场面圆满。

如果你紧绷着脸与人谈事，对方就会握起拳头。但是如果你肯坐下与对方好好商议，就会发现，彼此间的差距并不是那么大，相异的观点也并不多，只要肯拿出一些耐心与对方沟通，你们的心灵就能相通。

如果你想让他人接受你的意见或观点，首先要体现出自己的友善。你不能强硬地施加，但却可以温和地引导。温和友善，终归胜过激烈狂暴。

处世莫较真，得饶人处且饶人

人生在世，矛盾和纠葛无处不在。身陷其中，绝对不能太较真。“水至清则无鱼，人至察则无友。”太较真了，就会对他人什么都看不惯，最后导致自己没朋友，这滋味肯定不好受。

是人就会犯错，与人相处就要互相谅解，切不可用自己的原则标准苛求他人。有度量，能容人，就会有许多朋友，其乐融融。如若过分挑剔，嫌这嫌那的，人家便会躲你远远的，最后，你难免会成为他人眼中的异类。

人与人之间难免会产生一些矛盾，一时的误解也最易将双方置于尴尬的境地。一个人如果心胸狭窄，经常为了自己的一点私利而斤斤计较，只能使矛盾加深，不仅伤害感情、影响友谊，甚至还会造成更恶劣的后果。

与人打交道，总免不了有磕磕碰碰的时候，如果太过于较真，总想辩出个对错，只能使小事变大，甚至造成无法挽回的后果。

生活中，我们时常看见或听说，朋友之间因为一些小事闹得不可开交，竟行同路人；邻里之间因为几句口角，老死不相往来；夫妻之间因为家庭琐事大打出手、永久别离等。其实这一幕幕悲剧的罪魁祸首正是较真。以愤怒代替理智，针锋相对，没完没了，打打闹闹的，气倒是也出了，可是代价未免太大了。

如果想减少点矛盾、摩擦，保持人际间的融洽，凡事切不可太较真，有些事装作没听见、没看见最好。有些事最好能忍得一时之气，糊涂处之。

糊涂一些能使人内心坦然，可以消除心理上的疲惫感，也容易赢得他人的好感。

清官难断家务事，在家里没必要非得分出个高低对错来。千万不要为家务事乱发脾气，那样既伤身体、又伤感情，实在不值得。在家里，男人要宽厚些，女人要容忍些，切忌太较真。

身在职场，当你的同仁出了错，你可以善意地帮助，对方会因此心存感激；你的领导犯错时，你要懂得为其打圆场，这样保全对方也就等于成全自己；对于另一半也要学会睁只眼闭只眼，这样婚姻才会更加安然……

漫长人生，总会遇到各种事情，时时较真真的不行。该糊涂的时候就一定要糊涂，需要多一些善解人意，多一些体谅和理解，这样人际关系才会更和谐。

睁开眼睛看世事，闭上眼睛想事情，表面糊涂心底清楚，才能看遍人间盛景。

给人留面子就是为自己增添人缘

人际交往中，要懂得给对方留个面子，面子是增进关系的好方式。因为从心理上说，人都渴望被尊重，都需要有面子。所以若想与人处好关系，就得注意保全对方的面子。

切莫随意损人脸面，使人觉得难堪，否则就可能会遭到对方的反击，造成难以想象的结局。因此，即使你想施行自己的主意想法，也应注意维护他人的面子，对此可以做得更加巧妙些。

对于不方便在明面上说的话，要学会私下对人说；对于说不出口的话，要学会向人暗示。方式手段有许多，用好了就能有利于人际关系的和谐。

有一位女士打算将新买的鞋退掉，但是售货员一眼就发现这双鞋已经被人穿过了。她没有明说，而是微笑着说：“您这双鞋是买去送给先生的吧？我上个月也曾买了一双想送给爱人，没想到却被儿子穿出去一次，导致鞋底有了磨损的痕迹，没有办法退换了。我觉得您的情形与我差不多，您看这双鞋子明显有穿过的痕迹。”

那位女士立时明白了，再说什么也没意思了，她顺着对方为自己铺的台阶，应和着就赶紧离去了。售货员的处理方式值得称道，用几句巧妙的言语，就平息了一场可能发生的纷争，可谓聪明。

“知错不纠”是人的本能心理，如果你非得将其捅破，只能让对方因为难堪而同你恼火，于是吵闹纠纷是在所难免的。所以要有意识地为人制造“台阶”，让其下得顺畅些，这样反倒可以更好地将问题解决。

矛盾、尴尬场景中，你可以这样为人铺台阶：“你的意见其实颇有道理，最初我也是这样认为的，但后来经过几次实践后，我才发觉自己错了。”这样一说，尴尬处境就比较容易摆脱，而对方也不会觉得难堪丢面子，同时你也如愿表达了自己的想法，可谓是皆大欢喜。

善于处世者，与人交往时，在自己占尽优势的情况下，不会将对方弄得太惨，而会为其适当留点颜面。因为他们深知，如若将对方弄得太狼狈，可能会使自己无法收场。

与人发生争论时，即使自己再占理，也没必要步步紧逼，如若太过极端，就容易伤到对方的脸面，也就堵死了双方之间缓和的路。

无论是什么性质的矛盾，切莫当面羞辱人；对某人或某事有看法，应私下表达；适当说点对方的好话，让人觉得有面子。如果能换位思考一下，把他人当成自己，也就懂得怎样维护对方的尊严了。

给人留点面子，就是为自己增添人缘。给人面子，可以悄然化解矛盾、尴尬，更有效地实施自己的想法。所以，智者的做法是适时为他人留面子，同时也用度量撑大自己的心胸。

不做无谓争端，退后一步天地宽

很多惨剧之所以发生，是因为双方都以自我为中心，不懂得退让。当与人发生争执冲突时，千万不要争强好胜、咄咄逼人，如果非要针锋相对，争个你高我低，就容易酿成事故悲剧。

与人交往时，要记得为对方保留点颜面，为人留条退路，切莫将其赶入死胡同。如果不懂得退让，就可能造成两败俱伤。与人因故发生纠纷时，双方都容易激动不理智，此时要懂得退让一点，学会淡忘，不要让自己深陷于其中，而要将注意力转移到其他事情上，这样才不至于破坏人际关系，甚至造成伤亡，才是有益于双方的。

希拉里总结过往多少年，费尽心力写出了自传，没想到一位主持人对此书并不看好，他辛辣地嘲讽道：“她这书我看并不好，如果能畅销，我愿意把鞋子吃下去。”老天历来愿意惩罚把话说绝的人，这本一上市就非常火爆的书，让那位主持人难以收场！

主持人真把鞋子吃下去了吗？吃了。不过他吃下去的“鞋子”比较特别，是口感颇佳的鞋子形蛋糕。

希拉里的大度可见一斑，她没有让对方难堪，而是异常风趣地化解了这场纷争。适时地以退为进，尽显机动灵活性，是有智慧的表现。这样能化解矛盾于无形，赢得他人的尊重。

与人交往，有些摩擦很正常，与人发生矛盾冲突时，针锋相对是不行的，如果将人逼到死角，自己也得不到什么好。与其拼死相搏，不如学会淡忘与忽略。不该记得时就遗忘，该化解时就真心原谅。如果能人情留一线，也方便日后的相见。

如若与人发生争论，靠强力压制不可能使对方心服，只能靠技巧性说服以及温情言语去改变对方的观点。这样表达意见更容易使人听进心里去，不至于产生排斥心理。放弃有时是一种成功，忽略也可以是一种明智。

冤家宜解不宜结，矛盾终归能化解。是非面前，要放眼长远，该放就放，该忘就忘，与人不做无谓争端，就可以让自己得到内心的宁静，赢得一片海阔天空。

第十一章

挣脱心灵枷锁，赢得天高地阔

任何自我限制都是从人的内心开始的。切莫对自己进行消极暗示，而应时常自我欣赏，这样才能有效地增强信心。有信心者不会盲从、不会苛求，懂得凡事随缘，进而就能不自觉地挣脱心灵束缚、打破自我设限，将人生格局无限地拓宽。

心有定力，别让“消极预言”害了你

人在进行自我认知的过程中，极容易受到他人的影响或误导，从而对自己得出不正确的认识。

假如你认为自己做不成某事，那你几乎必败无疑。实际上那件事情原本极有可能做成，只是你的“自认为”导致不好结果的发生，这其实是自证预言在起作用。所谓的自证预言，指的是人会不自觉地按照自己的主观臆想处理问题、对待事情，最后导致结果向自己的预言方向产生。

曾有一个针对考研者的调查表明，考前信心满满、坚信自己能考上的人基本上都如愿了；而平时心态消极、觉得自己希望不大的人竟然真的大都没有考上。这种现象颇有几分诡异，它证明了人果真会变成自己想象中的样子。

消极的心理暗示会打击人的信心，甚至损害身心健康，导致不良结果的产生。而积极的心理暗示则能促使人发挥潜能、取得成功。其中的原因在于，当你觉得自己能将某件事情做成时，就会主动收集信息、调动潜能去进行，从而增大成功的可能性。与之相反，当你觉得自己无法做成某事时，心态上的消极就会导致行动无力，一遇到阻碍就容易放弃。这样心态会更加消极，最后陷入恶性循环中无法自拔。所以，无论何时我们都应心态积极，切莫被消极暗示误了终生。

生活中，假如你认为自己不行，你就会不再敢做任何梦。这种自我设限的消极想法，会让人故步自封、无法前行。

不如振作起来，遇到问题就这样告诉自己：没问题，我相信自己，只要去做肯定就会有收获。这样一想，就会放开手脚去做，末了真的会有许多收获。

因为处境不堪或是境遇不佳，人很容易自暴自弃，认为自己再怎么挣扎也只是徒劳无益，因此就不愿再付出任何努力，结果命运更加不堪。所以，切莫让某种消极想法占据头脑，每当有这种倾向时，一定要拼力挣脱，把自己拉回到积极思想的正轨上。

可别再说“我只是个新来的”“我只是个教书的”“我只是个推销的”这种话了，当你以轻蔑的口吻这样说自己时，无形之中，你就为自己增设了一道心墙，从而限制了自己的向上发展空间。

心态会成就或阻碍人的未来，如果你能尽力发掘自己身上的优点，而后经常对自己进行积极的心理暗示，告诉自己“我能行，我不比别人差”“我有很多优点，我潜力无限”等，信心就能有效地提升。

处境不堪时，要学会给自己打气：“困难只是暂时的，我会一直坚持下去，绝对不会自弃！”境况好转时，也要懂得自我鼓励，为自己加油打气，你终将会成为更强的自己。

独立辨别，别让他人的言行影响你的选择

个人总易受群体意识的支配。在面对自己不清楚的未知事物时，人会本能地跟从众多人的想法。在众多人意见一致的情况下，很少有人能坚持自己的意见不动摇。

这种从众心理，虽然的确对人有一定的指导意义，有时可以有效避免风险和盲目蛮干。但是，从众心理的弊端在于，它容易扼杀个性化思想，阻碍创造性思维。

如今虽说讲究个性自由，但人们的行为举止又是那么相似，黄头发、紧身裤、一样的观点言论等随处可见。导致这一现象的原因在于，从众可以让自己更符合潮流，更少受到指责，更不会被人看作异类。

生活中的大多数人，容易随波逐流、盲目跟从，活在他人的目光中。其实这是一种蠢行，长此以往容易丧失个性，没有自己的思想主见，只能被人看轻。所以，不要盲从轻信他人，要跟从自己的内心，面对一些莫名其妙的言论，务必经过思考后再接受。对于各种“理所当然”的观点，更需用心思考，绝不能不过大脑，否则就容易使自己上当或蒙受损失。

例如，当你有了一定积蓄，想理财时，切莫轻信所谓的专家给出的理财方案，用多少钱买基金、多少钱买股票，末了可能只是胡闹。所以在接受之前要用自己的头脑考虑清楚，这个方案有多少胜算？谁会给你保底呢？如果找不到答案，还是先

存银行好了。如果未经分析，就急匆匆地投入进去，即使遭受巨大损失也是投诉无门的。

当你的创造性观点提出来之后，是很有可能遭人怀疑甚至抨击的。如果你对之确信无疑，那就勇敢地坚持到底，切不可随意更改，末了成为被人轻视的没有主见者。为了让自己的表达更有说服力，要让自己的观点有理有据，千万别让观点的理由总是“他们都是这么说的”。如果你能有理有据地坚持，那么，势必会有所回报的。

要想改变从众的心理定式，需要养成批判的习惯，能对各种言论本能地怀疑。在接受某个观点之前，不妨大胆怀疑一下：“有什么证据吗？我怎么觉得不对啊？”而后冷静而客观地分析，这样得出的理性判断，才经得起时间的长久考验。不要担心自己做出的判断可能是错误的，因为正确的判断往往就来自对错误判断的反思和总结。

敢于大胆批判，这样就容易提出新想法、新观念，最终取得创造性的成功。

完美主义是个漂亮的陷阱

假如某一天你得到一颗珍珠，会不会觉得满足？也不一定，如果你一眼发现它上面有一个小黑点，就会禁不住想将之剔除。于是你狠下心来，削去了薄薄的一层，可是无济于事；于是你又削去第二层、第三层……这是妄求完美的心理在起作用。

人往往会有一种渴求完美的心理，恨不得能拥有世间完美的一切，如相貌、工作、配偶等，似乎只有这样，生活才能真正美好……然而，事物历来不完美，“残缺”总是会时不时地出现。人的一生是不可能完美的。追求美好的事物可以，但千万别妄求完美，否则只能是身心焦虑，甚至掉进完美主义的陷阱里，造成人生的悲剧。

郝鹏是名标准的优秀生，学习、才华、相貌等都不错，他对自己要求极高，从不允许自己有丝毫的放松。他二十多岁了还没有谈过恋爱，原因是没有谁能让他看得上眼。他养成一种妄求完美的习惯，每当他发觉自己有什么缺憾，面部就会抽搐，身心难安。尽管他算得上是优秀青年，但他内心却缺乏幸福感，甚至还患上了抑郁症。在就诊之后，他开始意识到自己的问题。如今他基本上克服了完美主义。

完美主义者往往会对生活抱着不切实际的幻想，会认为自己比他人强，理应得到最好的一切，因此为自己设定的各种标准既高且严。他们会时常与自己为难，直到最后从挫败中惊醒，才发觉完美主义是场噩梦。

赶快醒醒，妄求完美是一种过激的举动，也是非常危险的。完美心态无止境，如果不切实际地一直寻找下去，也就容易深陷下去，最终往往会“溺死”自己。

如今社会上那些所谓的大龄“剩男”“剩女”，其实条件大多不错，他们并非就想独身，只是要求太高，不肯随便将就罢了。他们多年来一直在苦苦寻求着理想对象，可末了得到的只有心伤。

其实，世上是没有十全十美的。人生总是有缺憾，历来难全。如果一味妄求完美，那么到头来得到的只能是空留遗憾。

一味妄求完美，心弦就容易绷得紧紧的，万一出现的不是理想的结局，心里自然憋不下这口气。完美泡沫一旦破灭，心理就容易随之崩溃，一生就这样轻易毁于完美。

追求完美或许能使人获得暂时的满足感，但长此以往会使人沦陷。唯有跳出完美主义的陷阱，才能让自己活得轻松。

恰当的选择标准会让你的选择更明智

生活时常给出一道道选择题，选择对了就幸福满溢、顿时轻松；选择错了就痛苦不堪、苦闷不已。因此，选择不可不慎重。

生活中其实存在更好的选择，调高选择标准，往往能够让人拥有更好的结果。因此，在做出选择之前，如果条件许可，不妨提高内心标准，这样得到的结果可能就是更好的。

生活中这样的例子有许多，如跳远的时候，如果你能看得比平时跳的位置远一些，就可能跳出更好的成绩；那些有更高工作标准的人，往往会创造出更优秀的业绩。所以说，更高的选择标准，可能会让你拥有更好的结果。

但是，调高选择标准也并不是在任何选择中都适用。生活中较普遍的选择是二者择一，这虽然有一定难度，但还不算大。如果是面对“多者择一”的选择，由于选择难度的加大，极易使人陷入心理偏差。

心理偏差最典型的体现就是青年男女对于配偶的选择。据分析，很多所谓的大龄“剩男”“剩女”，往往是心理偏差导致的。他们其实大多条件都不错，可是面对一次次较好的选择机会，却一次次放弃了。主要原因在于，他们总认为后面一定会有“更好的”，总觉得某一天就会有一个“最好的”突然从天而降。于是，他们继续痴心而执着地等待着，被这种执念误了终身。

人生似乎就是这样的，美好的事物有许多，但我们只能从中选一个。每看到一个差不多的，你都要斟酌，这个怎么样，后面会不会还有更好的？更多的选择，会无形中提高人的评估标准和期望值。选择标准越高，人们就越容易产生后悔的心理。

如今的互联网时代，正在日益加剧选择的难度。人们经常要面临各种大大小小的选择。无论是重大事项还是生活琐事，选择一个选项，就意味着放弃更多可能的选项。这给人带来许多心理困扰：选择越多，就失去越多，后悔越多，痛苦越多。

选项有限，有时会无从选择，但选项如若过多，就可能更难做出选择。我们曾经以为增加选项就能减少原来无从选择的痛苦，就能轻松选择，增加幸福感。结果却恰恰相反，增加选择往往不但增加了难度，同时也增加了烦恼。许多时候，令人纠结烦恼的原因，往往不是被选项不够多，而是你不能决定放弃哪一个。

选项太多，人会为了寻找更好的，而把生活变得更复杂。选择越多，出现遗憾的可能性就越大；限制选择项可以降低选择难度，增加幸福感。有人曾做过这样一个实验：对于一种冰淇淋的口味，面对6个品种和24个品种的果酱选择，消费者对于6个品种的有限选择更热衷，认为这会使自己做出更加满意的决定。

面对生活中五花八门的众多选择，与其在那里费尽心机、好高骛远地总想得到更好的，不如减少选项，从实际出发，抓住自己所需要的，拥有及珍惜眼前的。

期望值低的人会在一开始就快速做出选择，之后只能看着更好的目标嗟叹；而期望值高的人却会一路挑选，直至路尽时，才手忙脚乱地胡乱选择一个；只有懂得选择的睿智者，才会在途中仔细观察、认真比较，最终选择自己最满意的，即使后面还会有更好的，他也不会觉得遗憾，他会想："我找到的也许不是最好的，但却是我最满意的。"这样的人是懂得珍惜的智者，唯有他们才能体会到生命中的美好与欣喜。

该放弃时就放弃，才能迎来新转机

生活中不是所有的决定都需要后续跟进。经过一段时间后，一旦发现某个决定收益不多或进展不大，就应该及时收手、回撤，把更多的时间投入更重要的决策中去。

但实际情况往往是，当我们对某一事情已经投入很大精力、财力后，放弃就会变得极其困难。大多数情况下，都会抱着侥幸心理，希望事情突然间就向好的方向发展。例如，有的男女朋友经过长时间的相处后，明明知道并不合适却也不分手；某个项目已经进行一段时间，明明看出不会有结果却还一意孤行，只因放弃了会觉得心疼。

当人们发现自己的决定行不通，或者是已经导致不良结果时，不去停止或改进，反而继续进行下去，从而带来更大的负面结果，这实则是一种谬误。

你前面投入的成本越大，就越容易一意孤行地继续坚持下去，典型的例子就是在股市被套牢后，很多人都无法做出退出的决定，而是会选择继续跟进。

炒过股票的人可能对此体会最深：当所买的股票开始上涨，已经赚钱时，出于贪心往往都舍不得卖出，就想着肯定还会再涨的，还是再等等吧；当已经开始下跌时，就会想以前在那个高点都没卖，现在卖只赚这么点儿钱，太亏了，还是等涨回点儿再说吧。人们觉得只要还没有卖出，就还有机会回本。

结果越跌越深，小套变大套，大套变深套，最后不知不觉就成了套牢一族。

不止是炒股，太多事情皆是如此。人们往往会对明知会失败的事情继续坚持，在明知某事没有好结果的情况下仍旧做下去、错下去。例如，某人将大半的积蓄投入一笔生意中，几个月后，各种进展不利，形势已使他认清，这必将是个亏本买卖。作为意识清醒的人，此时自然应当及时终止生意、缩减损失。但实际上由于他已经孤注一掷了，所以决心将其进行到底，甚至追加资金，以希望能挽回败局，结果越陷越深、无力自拔。“做都做了”“投都投了”“花都花了”，这些都是人们用来拒绝放弃的借口。

其实我们大部分人都有一个思想误区，就是认为做事情要从一而终、坚持不懈。认为一旦决定要去完成一个目标，如戒烟、减肥等，就只能不断坚持，绝对不能放弃。倘若因为某种原因而中断，就会有强烈的半途而废的挫败感，仿佛所有的努力，顷刻间都付诸东流了。由此陷入一种心理误区，困扰身心，无力自拔。

醒醒吧，有时坚持不一定会赢啊。假如你一直在做着无谓的坚持，就像是坐在反方向的汽车上，却还要求司机加速一样。此时，就极有必要果断取舍、坚决放弃，这样才可能柳暗花明又一村。倘若择业者肯放弃死板的观念，何至于整天东奔西跑、没着没落？倘若肯放弃没有结果的缘分，何至于把自己弄得身心受损、萎靡不振？倘若炒股者肯放弃“可能会涨”的侥幸心理，就不至于血本无归、倾家荡产了吧？其实理智的放弃是一种领悟、一种洒脱，更是一种明智。

在决定前途的关键时刻，我们不能犹豫不决，而应果断取舍。你已经付出多大成本并不重要，最重要的是形势已经不允许继续了。理智一点吧，听听巴菲特的告诫：当你发现自己深陷洞中的时候，当务之急就是不要再挖了。

如果你已走入一条死胡同，就应赶快放弃，必要的回头，会给你带来新的发展契机。

打破自我设限，拓宽生命空间

我小时候住在农村，有件事至今还记忆犹新。记得那时邻居家有只大白鹅，让我初次体会了怕的感觉。每当我走到村口，它就伸着脖子，鼓着眼珠，“嘎嘎”地叫着来追我，有一次甚至还啄了我几下。我吓得又哭又叫，再也不敢去村口了。邻居大婶得知了这件事，就从家中找到一根结实的藤条送过来，对我说：“妮儿不要怕，它再啄你就用这个抽打它。”

我手握藤条，为自己壮胆，再次抖颤颤地走到村口，只见那只大鹅又和以前一样，发出凶狠的叫声向我追过来。我惊恐地后撤了几步，看看手里的藤条，又转身迎上去，闭着眼将手中的藤条一通乱甩，没想到竟把大白鹅吓退了，它缩着脖子跑了回去。

后来，每当我因故丧失勇气时，多年前的那一幕就会自动浮现在眼前，令我顿时又有了勇气，我告诉自己：这世上没有什么可怕的，勇敢起步就能踏平它。

恐惧只不过是人内心的一种本能反应。遇到令自己觉得害怕的事情，如果总是转身闪躲，恐惧心理就会逐渐放大；而如果能直面以对，鼓起勇气去战胜它，恐惧情绪自然也就减轻甚至消散了，自信会随之进入内心。这样的经历多了，收获经验及成功就是必然的了。

生活中的人们就算各方面条件不错，能力也很出众，也还是会有一个弱点，那就是容易自我设限。我们总会习惯性地向自己灌输一些消极念头，如“我恐怕无法完成这件事情，还是不要去做了”等。这种消极念头不时闪现，于是你不再奋力去干，而是后退连连。长期如此，也就为自己戴上了“不可能”的枷锁，将一切机遇丧失殆尽。

机会总是在于尝试，而尝试需要勇气。如果不敢尝试、不敢行动，则没有任何成功的可能。清除内心的畏缩念头，坚定地去做事情，你就可能克服重重阻力，成为更优秀的自己。

她非常不幸，从小就被小儿麻痹症固定在轮椅上。再加上颇受歧视的黑人身份，她的内心可谓既自卑、又难受，经常抬不起头，只是瞪着一双大眼，默默无言。

一天，在宽阔的广场，一个男孩在唱歌，诸多人在听着。男孩唱完之后，她听见一个独臂老人说："这个男孩唱得真好听，我们大家为他鼓掌吧！"怎么鼓掌啊？她疑惑地看着这个独臂老人。只见对方从容地把一只手放在赤裸的胸膛上，有力地拍击起来……老人笑着对她说："孩子，你看到了吗？一只手同样可以击掌，没有腿也照样可以走路的！"

那天之后，她的心被照亮了，她觉得自己一定可以站起来走路。于是，在医生的指导下，她开始忍着疼痛进行锻炼，一天又一天，她终于能走路了，又过了很长时间，她开始跑起来……奥运会上，她勇夺女子100米赛跑金牌。那一刻无数人齐声高呼："我们为你骄傲，威尔玛·鲁道夫！"

自我设限是从人的内心开始的，它是束缚人的心理绳索，只有将其奋力挣脱，才有可能创造出奇迹来。勇于打破种种"不可能"的自我设限，人生道路就能被无限地拓宽！

第十二章

心有多静，世界就有多净

浮躁的年代，需要人们放慢脚步，静下心来修炼内心。既慢且静，跳出奔忙的陷阱，欣赏沿途的风景，人生中的快乐自会无穷。经过执着修炼的内心，宁静而美好，能扫清一切烦恼，带人走向明媚开阔的远途，抵达世界的光明之处。

放慢追逐的脚步，感受真的幸福

生活需要人们放慢脚步，才不至于陷入迷途。

生活已然沦为一场速度的竞赛。就业要快，不快就老了；发财要快，不快就没机会了；升职要快，不快就来不及了……人人都顶着重重压力，日以继夜地奔跑与竞争，似乎一停下来就会被淘汰掉。

清晨向四周一看，总能看到一脸疲惫者急匆匆地赶路上班；许多人都是快速地吃完午饭马上又回到电脑前伏案工作；晚上一下班，就急急忙忙地赶回家中，毫不停歇地处理起家中的事情。超负荷的工作量让人心力交瘁，精神高度紧张，神经越来越衰弱，越来越失去创造力，甚至失去了自己。

人如果总是为生活拼命，不能放慢节奏，这是危险到来的前奏！看看吧，我们周围有多少人忙碌着，焦虑着，抑郁了……

节奏过快的生活，容易给人带来内心的焦灼，甚至会严重损害健康，让人处于生死的边缘。所以，我们必须学会放慢脚步、减缓压力，让自己活得更轻松。

在快节奏的时代，过慢生活是一种觉悟，也是一种理性的态度，更是一种健康的生活方式。

慢生活，就是该劳作时劳作，该放松时放松，让身心舒缓从容。遇到喜欢的地方就停下来，慢慢地用心感受，这是以静心对抗浮躁，也是寻求快乐之道。

在人生之旅中，匆忙赶路的同时也别忽略沿途的风景。何必总是急匆匆，何不看看枫林几度红？放慢追逐的脚步，注目小草的嫩芽，观赏沿途的鲜花，看层林尽染，看黄叶落尽，去聆听牧歌，拾取贝壳，与阳光尽情对话，像植物那样安静生长……

慢生活不是行为懒散，而是静下心来，悠然向前，找到生活中的平衡点。

在快节奏的时候，许多人总是洋洋自得于曾经把车开得多么快，然而结局却很悲哀，飞驰在高速路上，差点儿车毁人亡。既然这样，为什么不让自己慢下来，活得更安然呢？

从现在起，放慢追逐的脚步吧，你不必急慌慌地挣钱、急切切地恋爱，房子不必换了一个又一个，换车更是不必的……不必匆忙赶路，让自己时常散散步，以轻松的心情缓缓前行，你会拥有一路风景。

其实“慢生活”与物质无关，它只是人人皆可培养的理念。慢生活就是轻松地追求自己的目标，慢慢地吃饭，慢慢地说话，慢慢地等待，慢慢地思考，慢慢找到内心的快乐之道。

放慢前行的脚步，别让自己在奔忙中迷途。慢会使人内心更从容，从而可以更高效地做事情，反倒离成功更近。把追逐的脚步放慢，人生中的快乐自会无限。

生活慢下来，内心才能美起来

当今的生活状况极易催生人对慢生活的渴望。节奏过快的生活容易使人内心焦灼，甚至无法正常生活。因此不要迷陷于忙乱的陷阱，要学会让自己冷静。用心思考，就会觉得还是应当过“慢生活”。慢下来是一种醒悟，也是一种理性态度。它能让人劳逸结合、身心放松，带着轻快的心情尽赏一路美景。

纵是脚步匆匆，也要静下心来欣赏一下沿途的风景。停下来，在每一个角落静观素雅的景色。看春天的花朵，看黄叶起落，去山间听泉水叮咚，去海边听潮声，去大自然中沐浴阳光，静观每一棵植物的安静生长。溪水潺潺流淌，草木茁壮成长，虫鸟尽情欢唱，人置身其间，自然能释然所有忧伤。心中如若有山水，再苦也不觉得累。慢下脚步，静心生活，这样才能活得更有乐趣、更有感觉。

不必匆忙于追逐，不如适当放慢前行的脚步，为身边的事物驻足，观察一下花朵的开放，注意一下草木的生长，听人们快乐地唱歌，对事物深入思索。停下脚步，才能用心关注周围的一切事物，对喜爱的事情全力投入。适时慢下来，静心思考，才能祛除浮躁，找到方法诀窍，把问题解决得更好。

你是否有这样的体悟：用两三年写出来的书，比用两三个月编出来的更耐读；用一两年培养的情感，比用一两个月制造的恋情更稳固；用一小时做出来的饭，比用十分钟做出来的更有口感。这其中的差别，就在于是否肯下慢功夫。

慢是用文火慢炖，酝酿出芳香氤氲。慢下来，在每一碗汤中，品味别样的滋味；在每一顿饭中，体会家庭的温馨。孩子吃菜，大人喝汤，彼此随意地聊点什么，就是特别香甜的一餐了。慢下来，就是周末与家人一起娱乐放松的童趣，就是早上一起床发现一朵花开的惊喜。静下心来去观看，或许你会惊讶地发现，原来生活竟有这么多新鲜感！

慢下来，让心带着几分洒脱，静观人间花开花落，看耕耘劳作，看旅人悠闲，品诗意无限。慢是静默不说话，是心底盛开一朵白莲花。闭上双眼，打开心扉，用心体会人间岁月长，美在悄无声息地滋长。

慢慢地思想，静静地行动，会让内心稳健与平衡。既慢且静，跳出奔忙的陷阱，摆脱人世的纷扰，让内心宁静美好！

心若静，眼前皆美景

身处浮躁的社会、喧嚣的时代，尤其需要人静下心来。静心可以使内心的思绪由混乱到有序，使人更深入地了解自己、体悟人生。

静下心来，才能读懂自己的内心。也许，你拼命追逐的，并不是你真正想要的，只是一种盲目；也许，你日思夜想的，并不是你真爱或该爱的，只是一种空虚。对于这些，唯有清醒地认识，才不至于徒然耗费心神。

在喧嚣尘世间，不如清除私心杂念，独守一份安然，在四季的风景中寻觅心灵的宁静。静静地走在时光的小径上，可以闻到阵阵花香，看到满天星光，欣赏一路美好的风光。静观人间的千般美景，人间又怎不处处是仙境？

静下心来，看草木荣枯，观花开花落，是一种淡然的喜悦，是一份随缘的洒脱。闲时，捧一本书静心阅读，便会沉浸在一种宁静氛围中，内心顿时清凉起来，畅游在文字的河流中，立时消融人间几多愁……

静心是一种净化内心、提升自我的好方法。如果内心不宁静，生活永远也不会平静。静下心来，才能使内心平静、详和，呈放松状态，思维才会清晰、活跃起来。当人心静时，思路就会长远而周全，就容易解决生活中的疑难，战胜烦躁与不安。

懈怠不进时，问问自己：我这样做对吗？应怎样改进？迷茫失落时，问问自己：我想要的究竟是什么？我的目标怎样才能实现呢？不断地追问、反思、完善，内心的愿望就可能实现。

静下心来，意味着不盲目、不偏激，进而才能平心静气地待人处世；静下心来做事，才能专心地把事情做好，这样好的机遇才会来到。

静心所带来的那种淡定的力量，可以支撑人向上进取。所以，要把静心当作一种理想目标来追求，在此目标的指引下，就可能走出心灵的沙漠，畅饮生命的甘泉。

在日常生活中，要有意识地修炼静心。能否静下心来，完全取决于自己的调节安排。遇事提醒自己不要冲动，要控制好言行，不妨这样想：我活着绝不是为了生气，我心中有爱与希望，所以我不会盲目心伤。

每当心烦意乱时，不妨避开眼前，有意识地做点轻松的事，如听歌、散步、看书、运动等，都可以很好地驱除负面情绪，让心静下来。“问君何能尔，心远地自偏”，如果能跳出圈外，不让心在琐事中纠缠，自会心安。

心态消极时，要试着寻找生活的意义。情绪的好坏往往取决于人的视角，眼光不要总盯在一处，要试着从不同的侧面观看，如此容易得到一番新体验。

静品人世情长，淡看世事无常。只有静下心来，才能够领悟人生的真谛，发现全新的自己。静下心来，心花自开，快乐才能进来，收获也会源源不断。静心，值得我们用心修炼到永远。

拥有好心境需要内心淡定

现实生活中，面对种种物质的诱惑、权位的争夺，内心时常是惊恐难安的。当欲望无法满足、愿望无法实现时，失落、失意是难免的，此时人会变得异常浮躁，深陷于人生的泥淖，不知道怎样做才好。

浮躁是成功的大敌，它会使人稍不如意就生气，稍遇问题就放弃，稍遇挫折就一蹶不振……浮躁带给人的只能是不幸。因此，我们要学会淡定，对待事情要冷静，让内心舒缓而从容。

淡定是一种心态，也是一种气度，可以通过修养得到。人若淡定，心自从容，从而能淡然面对成败，平和面对世界。

淡定的人能平和地活在当下，既不因过去的遗憾而痛苦，也不被未来的虚妄牵绊住脚步，能全心全意地活在当下这一刻，充分感受这一刻的美好。

人总是为了各种事情忙得团团转，任由自己被忧虑与压力摧残。要想摆脱这种窘迫情形，需要淡定。面对人生中的种种灰暗，需淡然以对。不对他人及生活过于苛责，知道公平总是相对的，正义也可能会迟到，完美的事物不存在，除了赚钱还能找到别的快乐所在……有了这种淡定的心态，就能消除不良情绪，使身心宁静无忧。

淡定的人能够理智地面对得失。得失历来相伴，往往是得中有失、失中有得。所以对于得失要看得透彻些，要淡然对待事情的成败，不强求结果，内心就不会忧虑和迷惑，就能活得更洒脱。

淡定者不会盲目表现自我，而会随情势采取对策。当环境不能尽如己意时，就尽力适应环境；当无路可走时，就灵活转身，另觅他途。对于他人的侵犯不是针锋相对，而是以柔克刚，平和而有力地解决问题。

淡定者能以淡泊的心境看人生起落、抵物质诱惑，在淡定中体悟人生、升华思想。

人若能淡定，就会由焦虑到宁静，由盲目到清醒；少几分怨恨，多几分宽容；少一些慌乱，多一些沉稳；祛除内心的浮躁，增添脸上的从容。社会越浮躁，人越要淡定。以淡定对抗浮躁，能清心醒脑、化忧为喜。

要想拥有淡定，应静下心来净化内心、提高修养。经过执着修炼的内心，强大而坚韧，能带领人经历风霜雨雪，穿越成败沉浮，找到人生中真正的幸福。

享受过程，看淡结果

人生中重要的其实不是得到结果，而是充分感受求索过程中的快乐。

人总是习惯于忙忙碌碌地追求，总觉得唯有实现自己的心愿才会快乐，如觉得只有拥有巨额财富才会快乐，觉得只有拥有豪宅、名车才会快乐，觉得只有功成名就才会快乐……然而，这一切究竟何时能实现呢？即使终有一天实现了，那时也可能立即瞄上新的目标，于是又急匆匆地去追逐，再次重复以前的奔波与劳碌，甚至来不及好好享受一下已经得到的。结果又是什么？最终可能总算是停了下来，然而细细数来，过往日子里真正觉得快乐的日子却是少之又少的，想想这又是何必呢。

人生中最重要的不是得与失，而是在得失过程中的快乐与充实。即便是某种失去，只要能让自己觉得快意，那它就别有意义、值得珍惜。

大成因为工作太操劳而生病了，病休期间，他得以观赏周围的温情画面，看地上的小虫爬行，看天空的云朵变幻形状，听树上的小鸟欢唱……而这一切都是他在生病之前、整日奔忙于工作时无法得到的。后来，他养好病后又去工作，又立即投入到忙碌的旋涡中，他再也没有那时的闲情逸致了，一切都只是曾经的美好……

其实，人生不必急匆匆地追求结果，在忙于实现理想的途中，也要停下来观赏一下路边的风景，从中得到的充实与快乐，才是最为宝贵的。

得到结果的那一刻，固然可以带给人快乐。然而这种快乐只是一时的，真正能让人长久快乐的是人生的经过。因此追逐的那个过程切不可忽略。其实，有时候结果并不重要，重要的是体验过程，体验那个全心投入、期待的过程，体验那个因看到目标一点点实现、能力一点点提升而觉得无比喜悦的过程。不管做什么，出发点都是一定要让自己快乐，一定要用心充分享受过程。

工作过程中要学会适当放松，不必时刻紧绷，放松的秘诀之一，是把工作视为游戏，不妨把玩游戏时的状态，用在工作中。让自己开心地笑、欢快地奔跑、充满活力地竞逐，这样身心是异常放松的，更容易从中得到快乐，由此产生的结果也会是好的。

淡定的人快乐地追求结果，而淡然地忽略得失。无论做什么，都切莫强求结果，否则就容易患得患失、心情沉重。为此需要凡事看淡点，学会淡定地看待结果。即使连连失利、接连受挫，也要想得开、受得了，从容面对，让自己更洒脱地生活。

其实，人生的输赢，不由一时的结果所决定。所以不要注重结果，而要注重过程。懂得享受过程中的快乐，就是人生胜利者。

看淡结果，是一种洒脱，是一种成熟，是一种睿智。看淡结果，才不至于因得到而狂喜，因失去而剧痛，才会真正懂得如何去追求、如何去珍惜、如何去享受。

看淡结果，无论自身处境如何，无论是一帆风顺还是几度曲折，心中总是会拥有一份恬淡与平和。

失意不失态，得意莫忘形

淡定者能够不迷陷于输赢的陷阱。人生不是输就是赢，原本都只是很寻常的事情。对此切不可或喜或忧、过多关注，否则必定会情绪不稳、心神难安。输赢面前，应学会淡然，即使连连失意，也不要自暴自弃，而要鼓起勇气面对现实，让自己洒脱地生活。

好莱坞女星哈莉·贝瑞演技出众，曾获奥斯卡“最佳女主角”奖。可这样的她，有一天也竟会跌下神坛，被评为“最差女主角”。对此她没有哭闹，而是从容地赶往现场领奖，亲手接过了最差奖奖杯。

哈莉·贝瑞由衷地说：“我虽然有些失落，但其中的教训我会吸取的，感谢你们的批评，我一定会改进自己，争取为大家呈现更精彩的表演。”她的话刚一落音，场上就有阵阵掌声响起。

不管取得什么成绩，都不能忘乎所以，认为自己是天下第一；即便遭遇人生阴暗期，也不可自暴自弃，认为自己已无可救药。无论是成功还是失败，都应坦然对待，都应将其视作一个崭新的起点，而不是停滞或灾难。如果不能从容地对待失败，而是倒在地上起不来，以后也就真正与成功绝缘了。

一时的荣辱决定不了人生成败。此次赢了，不一定下次还赢；此次输了，下一次说不定就会赢。人生中最重要的并非成败，而是成功或失败后究竟如何对待。能够以正确的姿态面对失败，就有可能起死回生，赢得后来的精彩。

最睿智的举止，是不管得失成败，都淡然以待。稻盛和夫经过几十年的苦心经营，曾一手创造出两家世界500强企业，这真可谓是成就非凡了。然而他从未有过骄傲，总是清醒地认为：人只有在不断追求事业发展的过程中，才能开启心智、磨砺自我，得到内心的永久安宁。无论成功或失败，都是一种对人的考验。有的人一成功，就变得忘乎所以，停滞不前；但也有人成功了，觉得这只是一种偶然，因而对自己要求更严。

人的天性就是好自我表现，于是一有什么成绩就容易忘形，时不时地想显摆自己，这样就难免伤人害己，是得不到什么好结果的。例如，在有众多人参加的同学聚会上，“谁谁发了财”“某某做了官”一向是热门话题。混得好的难免得意洋洋，混得差的容易黯然神伤，失意者一旦心理失衡，喝上几杯酒后就可能闹出“事故”，未免糊涂。

人生有得意也有失意。人得意时切莫得意忘形，这样才不至于因表现过分而让人心痛，也才有动力去获取新的成功。否则就容易遭人嫉妒，从而堵死自己的路。人失意时不要连连嗟叹，更不要停滞不前，要以内心的定力稳住自己，然后尽力寻找改进措施，静候明日的时来运转。

对待荣辱输赢，真的需要淡定。人只有清醒地认识自己，认清得失的本质，才会明白成败得失都只是暂时状态，从而就会镇静以待，淡对得失成败，笑看未来花开。

参考文献

[1]李原.世界顶级思维大全[M].北京：中国华侨出版社，2018.

[2]文德.性格与人生[M].北京：中国华侨出版社，2014.